KB063075

AUTODESK
INVENTOR
2020

윤한재 · 이상우 · 이해진 · 소순선 · 백상도 공저

光 文 閣
www.kwangmoonkag.co.kr

머리말

Autodesk사에서는 Inventor®는 기계 설계 및 3D CAD 소프트웨어로서 전문가급의 3D 기계 설계, 문서화 및 제품 시뮬레이션 도구를 제공한다고 소개하고 있다.

Inventor®는 3D 모델링으로 부품을 작성하고, 작성한 부품을 서로 조립하기도 한다. 또 시중에 판매되는 베어링, 볼트, 핀 등 일반 시중 제품은 프로그램 중에 있는 컨텐츠 센터에서 불러서 작성한 부품과 조립할 수도 있다. 또 조립된 부품들은 구동 시켜 볼 수 있도록 시뮬레이션 도구도 제공하고 있다. 그리고 문서, 즉 2D 도면으로 편집과 출력이 가능하고 AutoCAD 파일로 변환도 가능한 강력한 기계 설계 및 3D CAD 프로그램이다.

본 교재는 인벤터 2020버전을 토대로 작성하였으며, 인벤터를 처음 접하는 초보자도 어려움 없이 배울 수 있도록 쉬운 예제부터 하나하나 따라 하기 방식으로 구성하였다. 그리고 투상도의 배치는 물론 기계 부품의 도면 작성에 빠짐없이 등장하는 치수공차, 기하공차, 표면 거칠기 기호 등의 적용 방법을 설명하였고, 도면 요소의 섬세한 부분의 편집 방법과 도면 출력에 관해서도 설명하였으므로 특히 시험을 앞둔 수험생의 경우 도움이 많이 될 것으로 생각된다.

얼마 전부터 Autodesk사는 Inventor와 AutoCAD를 교육기관과 학생에게 일정 기간 무료로 사용할 수 있도록 함으로써 소프트웨어 구매에 대한 부담 없이 공부를 할 수 있게 된 점은 크게 환영할 만한 일이라 할 수 있다. http://www.autodesk.co.kr/education을 참고하기 바란다.

오랜 강의 경험을 바탕으로 인벤터를 배우고자 하는 학생과 직장인에게 도움을 줄 수 있는 교재를 만들고자 노력을 하였으므로 여러분의 기대에 크게 어긋나지 않았으면 좋겠다.

2019년 11월 저자

차례

04   조립하기   107

05   도면 작성하기   122

13 웜과 웜휠의 모델링 및 프레젠테이션 작성하기   240

〈생산자동화 산업기사 기출문제 연습하기〉

01 Inventor 시작하기

1-1. Inventor 2020 실행하기

❶ Windows 바탕화면에서 Autodesk Inventor Professional 2020을 클릭하여 실행하면
프로그램이 로딩되는 동안 아래와 같은 화면이 나타난다.

❷ 프로그램이 로딩되고 나면 초기 화면이 아래와 같이 나타나는데 컴퓨터 환경에 따
라 초기 화면이 나타날 때까지 시간이 수분 걸리는 경우도 있다.

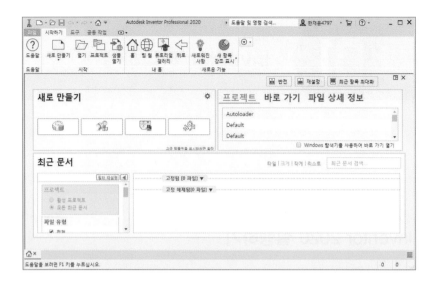

❸ 초기 화면에서 아래 그림과 같이 **새로 만들기**(1)를 클릭하면 **새 파일 작성**(2) 대화상
  자가 나타나는데 여기서 해당 아이콘을 클릭한 후 작성을 누르면 작업을 시작할 수
  있다. 대화상자의 부품(Standard.ipt)을 선택하고 **작성**(3)을 누르거나 **새로 만들기** 창(4)
  에서 **부품**(5)을 클릭하면 부품을 모델링 할 수 있는 스케치 창이 열린다.

❹ 아래 그림과 같은 화면에서 **원점**(1), **X-Y평면**(2), **새 스케치**(3)를 차례대로 클릭하여
스케치 화면을 생성시킨다.

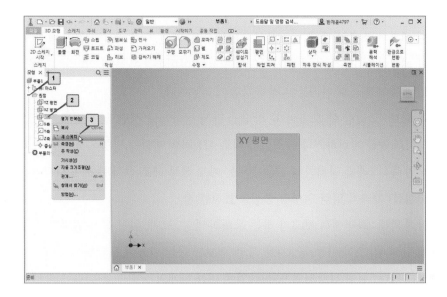

❺ 아래 그림은 부품을 모델링 하기 위한 스케치 화면이며 주요 부분 명칭을 표시하였다.

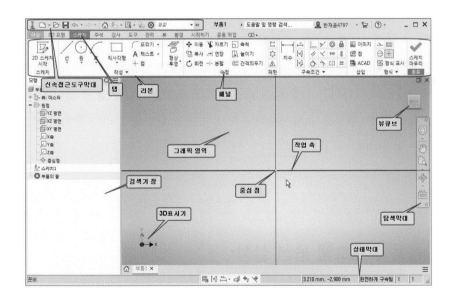

• **신속 접근 도구 막대** : 신속 접근 도구 막대에 여러 개의 명령을 추가할 수 있다. 추
가하려면 리본에 있는 아이콘 중의 하나를 마우스 오른쪽 버튼을 클릭하면 나타나

는 하위 메뉴 중에서 **신속 접근 도구 막대에 추가**를 클릭하면 명령이 신속 접근 도구 막대에 있는 기본 명령의 오른쪽에 추가된다.

- **탭, 리본, 패널**: 3D 모형, 스케치, 검사, 도구, 관리, 뷰 등의 작업 도구들의 묶음이며 예로서 **스케치** 탭에는 스케치, 작성, 수정, 패턴, 구속 조건, 삽입, 형식, 종료 등의 패널이 있고, 각 패널에는 작업에 필요한 아이콘들이 들어 있다. 이러한 각각의 탭에 들어 있는 아이콘들의 전체 묶음이 리본이다.
- **뷰 큐브**: 모델링 한 모형의 뷰 방향을 다시 정하거나 정면도, 평면도, 측면도 또는 모서리 등을 클릭하거나 클릭한 상태로 이동하여 원하는 방향에서 볼 수 있다.
- **작업 축**: 그래픽 영역의 중심을 지나는 가로 선과 세로 선이 굵게 표시되어 있다.
- **중심점**: 그래픽 영역 전체의 중심을 표시한 점
- **탐색 막대**: 화면에서 보고자 하는 물체의 방향, 크기, 위치 등을 변경할 수 있는 전체 탐색 휠, 초점 이동, 줌, 자유 회전, 면보기 등의 기능이 포함되어 있다.
- **상태 막대**: 현재 진행되고 있는 작업에 대한 현재의 상태 또는 다음 진행해야 할 사항들을 보여 준다.
- **3D 표시기**: 뷰 큐브 또는 자유 회전 등의 기능을 이용하여 부품의 자세를 변경시켰을 때 X, Y, Z 방향의 기울어진 모양을 보여 준다. 부품의 자세를 변경시키면 부품, 뷰 큐브, 3D 표시기가 동시에 같은 각도로 변경된다.
- **검색기**: 지금까지 작업한 내용을 검색하고 검색한 내용은 마우스 오른쪽 버튼을 클릭했을 때 나타나는 각종 하위 메뉴에 따라 필요한 작업을 할 수 있다.
- **그래픽 영역**: 부품을 스케치하거나 모델링 또는 도면을 그리는 등의 실제 작업을 하는 공간이다.

1-2. 응용 프로그램 옵션 설정

작업자마다 사용하는 환경이 다를 수 있으나 여기서는 Inventor 프로그램을 사용하는 데 필요한 기본적인 것만 설정하기로 한다.

먼저 **응용 프로그램**⑴ 아이콘을 클릭하면 응용 프로그램 메뉴가 나타나고, 여기서 **옵션**

⑵을 클릭하면 **응용 프로그램 옵션** 대화상자가 나타난다. 다른 방법으로써 도구 탭을 클릭한 후 옵션 패널에 있는 응용 프로그램 옵션도 같은 것이다.

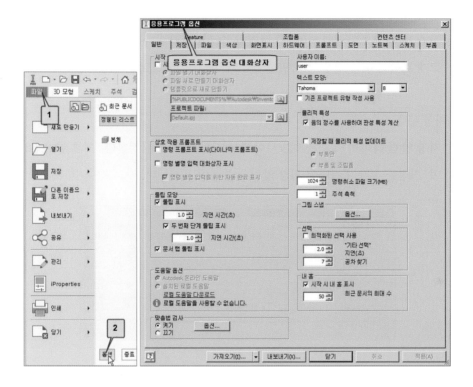

❶ 일반 탭

• **툴팁 모양**: 툴팁 표시에 체크를 할 경우 각종 아이콘에 마우스를 갖다 대면 해당 아이콘에 대한 간단한 설명이 설정된 지연 시간 후에 나타나고, 그 상태에서 기다리면 두 번째 단계의 상세한 설명이 설정된 시간 후에 나타난다. 0.1초 단위로 설정할 수 있다.

• **사용자 이름**: 도면을 작성할 때 도면의 표재란에 작성자 이름이 여기 설정된 이름으로 자동 입력된다.

• **텍스트 모양**: 여기에 설정된 텍스트 모양은 탐색기 또는 각 아이콘을 선택했을 때 나타나는 대화상자의 글꼴로 등록된다. 특별한 경우가 아니면 변경할 필요가 없다.

• **명령 취소 파일 크기**: 명령 취소를 반복하여 누르면 방금 실행한 명령부터 그 이전에 실행했던 명령이 차례대로 취소가 되는데, 파일의 크기를 크게 설정하면 명령

취소를 많은 단계까지 거슬러 올라갈 수 있다. 이 파일은 임시 파일이고 4MB 단위
로 크게 할 수 있다.

- **주석 축척**: 그래픽 창에 치수 문자, 화살촉 크기 등의 크기를 설정할 수 있으며 최
소 0.2부터 0.1 단위로 5.0까지 설정할 수 있다. 강의나 프레젠테이션에서 글씨를
크게 보이기 위한 경우 등 특별한 경우가 아니면 1.0으로 둔다.

❷ 저장 탭

- **저장 알림 타이머**: 1~9999분 사이에서 시간 간격을 설정한다. 기본 값은 30분이
며, 지정한 시간이 지나면 저장 알림 말풍선이 표시된다.

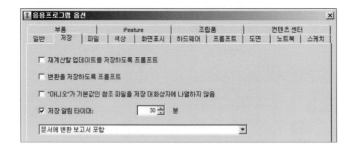

❸ **색상** 탭

- **색상 체계**: 화면의 바탕색을 바꿀 수 있다. 흰색으로 설정하기 위해서는 **프레젠테
이션**으로 선택한다. 화면을 캡처하여 인쇄할 목적이라면 흰색이 밝아서 좋겠지만
실제 작업은 어두운색이 눈의 피로를 덜어줄 것으로 생각된다.
- **배경**: 화면 위아래의 색이 이중으로 된 **그러데이션**과 이미지 파일을 사용하여 배
경을 설정할 수도 있다. 이 책에서는 밝고 어두움이 없이 전체가 밝도록 **프레젠테
이션**과 1**색상**으로 선택하였다.
- **UI 테마**: **호박색**에 체크를 하면 리본 메뉴의 각 아이콘이 호박색이 덧칠해져 보
인다.

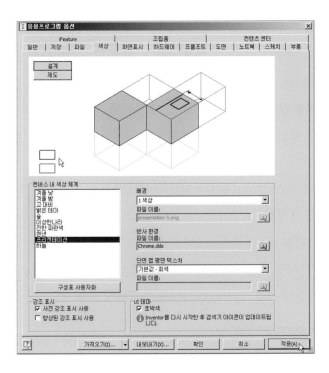

❹ 화면 표시 탭

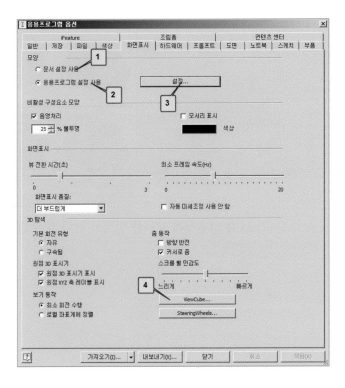

- **문서 설정 사용**(1) : 문서를 열 때 또는 문서의 추가 창이나 뷰에서 응용 프로그램 옵션 화면 표시 설정을 사용할지를 지정한다. 이 옵션을 선택하면 문서 화면 표시 설정이 무시된다.

- **응용 프로그램 설정 사용**(2) : 문서를 열 때 또는 문서의 추가 창이나 뷰에서 응용 프로그램 옵션 화면 표시 설정을 사용할지를 지정한다. 이 옵션을 선택하면 문서 화면 표시 설정이 무시된다.

- **설정**(3) : 화면 표시 모양(5) 대화상자를 열어서 필요한 모양으로 설정할 수 있다.

- **초기 화면 표시 모양**

  - **비주얼 스타일** (6)

    음영 처리 : 모형의 모서리가 부드럽게 처리된다.(7)

    모서리로 음영 처리 : 가시적 모서리로 부드럽게 음영 처리된다.(8)

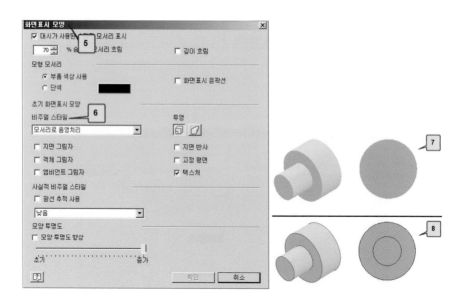

- **ViewCube** (4) : ViewCube를 화면상에 표시할 위치와 크기 등에 대한 옵션을 설정한다.

❺ 도면 탭

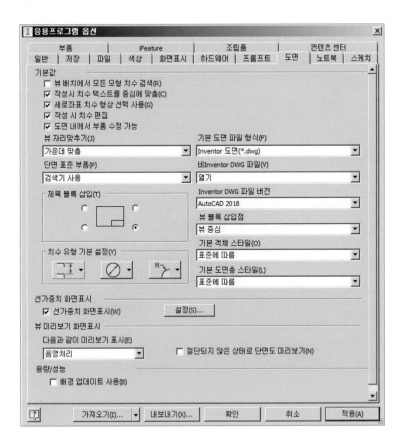

- **기본 도면 파일 형식**: 도면을 작성할 때 Inventor 도면 중에서 *.idw 형식으로 작성할 것인지 또는 *.dwg 형식으로 작성할 것인지를 설정한다.
- **Inventor DWG 파일 버전**: 위 기본 도면 파일 형식에서 Inventor 도면(*.dwg) 형식으로 설정했다면 이 DWG 파일을 AutoCAD의 어떤 버전 형식으로 작성할 것인지를 설정한다. 상위 버전으로 설정하면 하위 버전의 프로그램에서 파일을 열지 못할 수도 있다.

❻ 스케치 탭
- **화면 표시**: 화면 표시에서 그리드 선은 모눈종이의 작은 눈금과 같은 역할을 하는데, 축을 제외한 그리드 선, 작은 그리드 선, 좌표계 지시자 등은 모델링 작업에서 크게 필요치 않으므로 표시하지 않도록 한다.

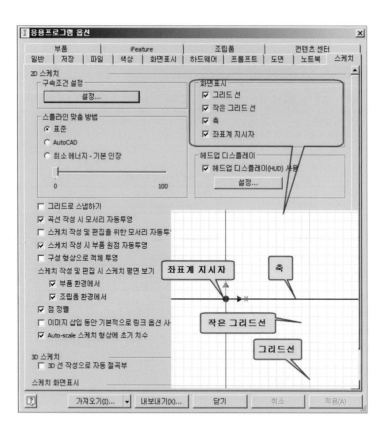

❼ 부품 탭

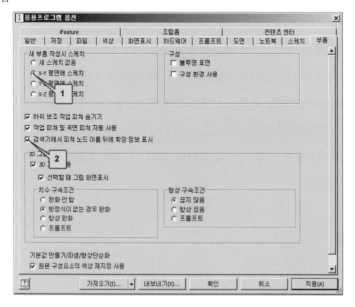

- **새 부품 작성 시 스케치**: 부품을 스케치할 때 어떤 부품은 X-Y 평면에서, 또 어떤 부품은 X-Z 평면에서 스케치해야 하지만, 필자의 경우 주로 X-Y 평면에 스케치 (1)하므로 이곳에 체크해 두고 사용한다. 그러면 부품 모델링을 시작하면 곧바로 X-Y 평면에 스케치할 수 있는 상태로 된다. **새 스케치 없음**을 선택하면 매번 어느 평면에 스케치할 것인지 선택을 해야 한다.

- **검색기에서 피쳐 노드 이름 뒤에 확장 정보 표시**: 검색기 창에 부품 피쳐에 대한 자세한 정보를 표시하도록 한다. 확장 피쳐 이름은 부품, 판금 부품, 조립품 모델링 뷰 및 도면 환경에서 확인할 수 있으며, 확장 문자열의 형식과 내용은 변경할 수 없으나, 각 부분의 작업 명을 변경할 수 있다. 예를 들어 아래 그림에서 돌출1, 작업평면1 등의 이름은 해당 항목에서 마우스 오른쪽 클릭하면 하위 메뉴가 나타난다. 여기서 **특성**을 선택한 다음 **피쳐 특성**의 대화상자에서 이름을 변경하면 된다.

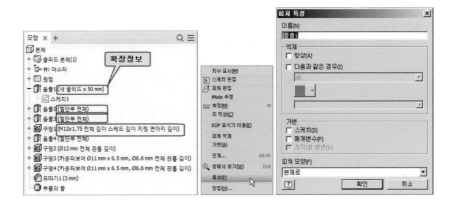

응용 프로그램 옵션은 이 정도만 설정하여 작업하도록 한다. 그리고 옵션 설정을 초기화하려면 도구 탭에서 응용 프로그램 옵션을 선택한 후 가져오기(1)를 클릭하고 Open 대화상자에서 inventor_default_options(2)를 선택하고 열기를 누르면 설치 상태로 초기화된다.

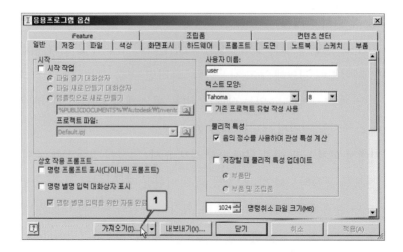

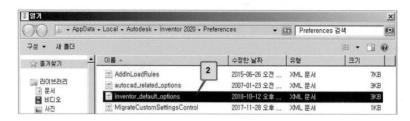

02 스케치하기

2-1. 스케치 화면 띄우기

❶ 아래 그림과 같이 **새로 만들기**(1)를 클릭한 후 **부품**(2)을 클릭하면 스케치 화면이 나타난다. 또 다른 방법은 **새로 만들기**(3 또는 3-1) 클릭하면 **새 파일 작성** 대화상자가 나타난다. 여기서 Standard.ipt(4)를 선택하고 **작성**(4)을 클릭해도 스케치 화면이 나타난다. **새로 만들기**(5)를 클릭해서 바로 스케치 화면으로 갈 수도 있다.

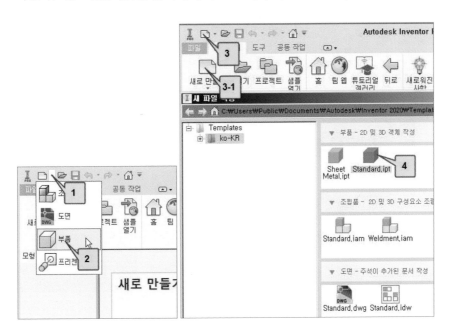

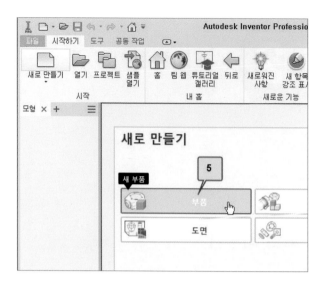

❷ 스케치 화면이 아래와 같이 나타나면 원점⑴ 앞의 +기호를 클릭한 후 **XY 평면**⑵을
마우스 오른쪽 클릭하고 다시 **새 스케치**⑶를 클릭한다.

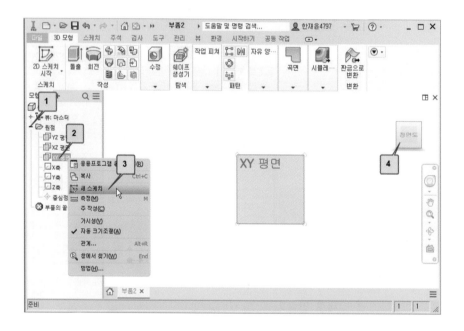

• 그런데 XY 평면이면 통상 평면도인데 화면 오른쪽 위에 있는 **뷰 큐브**에는 **정면도**
⑷가 표시되어 있다. 평면도에 스케치하기 위하여 **뷰 큐브**의 **정면도** 부분을 마우스
오른쪽 클릭하면 하위 메뉴가 나타난다. 여기서 **현재 뷰를 다음으로 설정**⑸을 클릭

한 다음 **평면도**(6)를 클릭하면 지금의 화면을 평면도로 바꾼 상태에서 스케치할 수 있다.

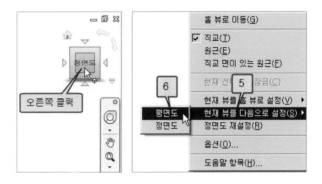

2-2. 작성 패널 활용하기

- **스케치** 탭(1)의 **작성**(2) 패널에는 아래 그림과 같이 선, 원, 호, 직사각형 등 여러 가지 모양을 그릴 수 있는 도구들이 있다. **작성** 패널의 도구들을 이용하여 선이나 원을 그리면서 치수를 입력할 수도 있고, 치수 없이 그렸다가 나중에 **구속 조건**(3) 패널에 있는 **치수**(4)를 클릭하여 치수를 입력 또는 변경할 수도 있다.

※ **스케치 화면에서 축과 중심점 : 응용 프로그램 옵션 - 스케치 - 화면 표시**에서 축에 체크를 하면 화면상에 X, Y축이 보이며, 두 축이 교차하는 중심(1)은 노란색 점이 있다. 이 점은 무한 평면상의 절대 중심이다.

- 필자는 스케치를 할 때 축 선들은 크게 도움이 되지 않는다고 여겨서 표시하지 않고 중심점(1)만 표시한다.

• 만약 어떤 이유로 중심점을 삭제하였다면 **스케치** 탭의 **작성** 패널에서 **형상 투영**(2) 선택한 후 검색기에서 **중심점**(3)을 클릭하면 화면에 중심이 다시 표시된다.

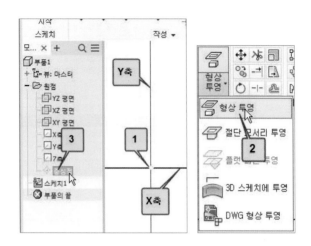

❶ ╱ **선**: 시작과 끝점을 연결하는 선과 호를 생성한다. 시작점을 클릭한 다음 거리 값을 입력하여 선을 생성할 수 있다. 거리를 입력한 다음 키보드의 탭키를 누른 후 각도를 입력할 수 있다.

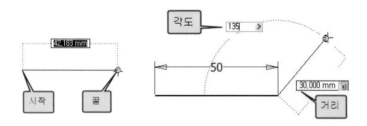

직선과 이어진 원호를 그릴 수 있다.

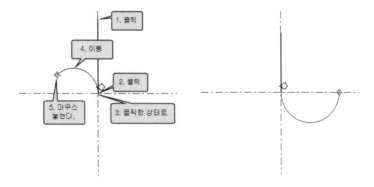

❷ 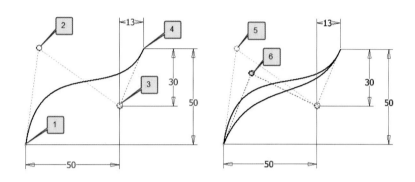 **제어 꼭지점 스플라인** : 순서대로 클릭한 곳의 꼭지점과 꼭지점 사이를 부드러운 곡선으로 연결시켜 준다. 각 점들의 위치는 마우스를 이용하여 이동시킬 수 있고 치수를 입력할 수도 있다. 또 이미 작성한 꼭지점(5)을 다른 곳(6)으로 이동하여 다른 모양의 곡선으로 수정할 수도 있다.

❸ 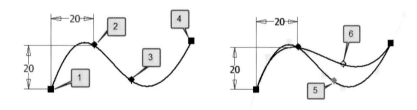 **보간 스플라인** : 순서대로 클릭한 곳의 점과 점 사이를 부드러운 곡선으로 연결해 준다. 각 점들의 위치는 마우스를 이용하여 이동시킬 수 있고 치수를 입력할 수도 있다. 이미 작성한 점(5)은 다른 곳(6)으로 이동하여 다른 모양의 곡선으로 수정할 수도 있다.

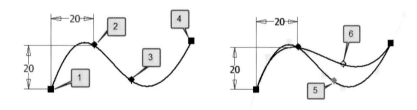

❹ **방정식 곡선** : 사용자 정의 방정식을 기반으로 하는 2D 또는 3D 스케치 형상을 작성할 수 있다.

❺ **브리지 곡선** : 선택한 두 곡선 사이를 부드러운 선으로 연결한다. 서로 떨어져 있는 두 곡선 중에서 왼쪽의 곡선(1)을 클릭한 다음, 다시 오른쪽의 곡선(2)을 클릭하면 두 곡선 간의 부드러운 스플라인 선(3)으로 연결된다.

❻ 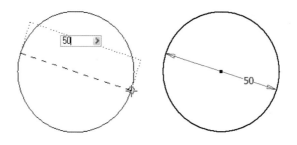 **중심점 원**: 중심점을 클릭한 후 지름값을 입력하여 원을 그릴 수 있다.

❼ **접선 원**: 세 선에 접하는 원을 그릴 수 있다.

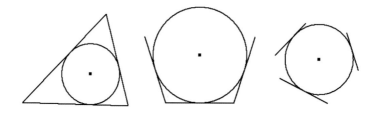

❽ **타원**: 타원을 그릴 중심점(1)을 클릭한 다음 주 방향의 축(2)을 클릭하고, 다시 보조 방향의 축(3)을 클릭하여 타원을 작성한다. 치수는 나중에 따로 입력 및 편집할 수 있다. 치수 입력 상태에서 타원을 클릭하여 위아래, 또는 좌우로 마우스 포인트를 끌어 적당한 곳에서 다시 클릭하면 된다.

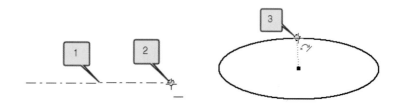

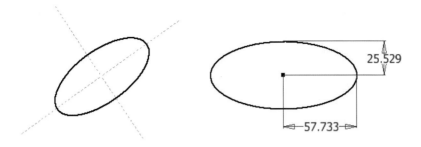

❾ 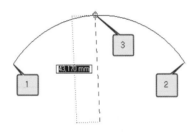 **3점 호** : 시작점(1)과 끝점(2)을 지정한 후 호의 반지름(3)을 입력하여 호를 그릴 수 있다.

❿ 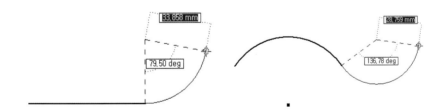 **접선 호** : 이미 그려진 선이나 호에 접하는 호를 그릴 수 있다. 또 호의 각도와 반지름값을 입력하여 그릴 수 있다.

⑪ ✐₊ **중심점 호** : 중심점과 호의 양 끝을 지정하여 호를 그릴 수 있고, 호의 길이와 각도를 입력하여 그릴 수 있다.

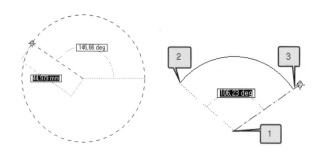

⑫ ▭ **2점 직사각형** : 대각선의 두 구석을 클릭하여 직사각형을 그릴 수 있다. 치수를 입력하여 그릴 때에는 가로 치수 입력 후 탭키를 누르고 다시 세로 치수를 입력한다. 치수를 입력하면 입력된 치수가 도형에 표시된다.

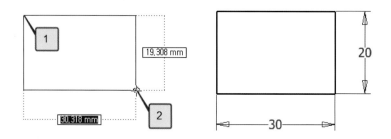

⑬ ◇ **3점 직사각형** : 세 점(1, 2, 3)을 입력하여 사각형을 그린다. 치수를 입력하면서 그릴 수도 있다.

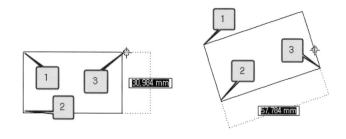

⑭ ▣ **두 점 중심 직사각형** : 화면의 중심에 노란색 점이 보이는데 이곳은 무한 평면의 절대 중심이다. 사각형의 중심(1)이 될 곳과 모서리(2)를 클릭하여 직사각형을 그린다. 각각의 대각선은 구성 선으로 연결된다. 구성 선은 도형에는 표시되지만 모델링 할 때 영향을 미치지 않는다.

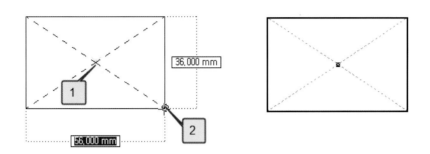

⑮ ◇ **세 점 중심 직사각형** : 세 개의 점으로 사각형이 될 도형의 중심(1), 방향(2) 그리고 사각형의 크기가 결정될 모서리(3)를 클릭하여 직사각형을 그린다.

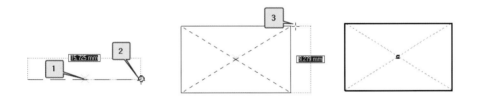

⑯ ▭ **중심대 중심 슬롯** : 두 중심 간의 거리(1, 2)와 슬롯의 폭(3)이 될 곳을 클릭하여 슬롯 형상을 그린다.

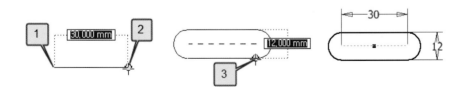

⑰ ⬭ **전체 슬롯**: 시작점(1)과 끝점(2), 슬롯의 폭(3)이 될 곳을 클릭하여 슬롯 형상을 그린다.

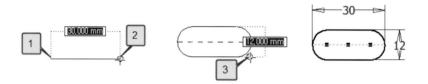

⑱ ⬭ **중심점 슬롯**: 슬롯의 중심점(1)과 호의 중심점(2), 슬롯의 폭(3)이 될 곳을 클릭하여 슬롯 형상을 그린다.

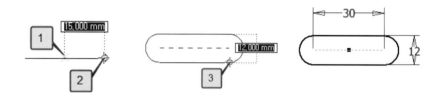

⑲ ⬭ **3점 호 슬롯**: 3점 호, 즉 호의 양쪽 끝(1, 2)과 호의 크기(3) 및 슬롯의 폭(4)이 될 부분을 클릭하여 슬롯 형상을 그린다.

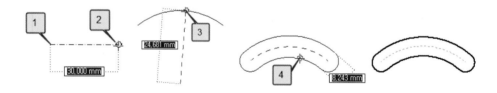

⑳ ⬭ **중심점 호 슬롯**: 중심점(1)과 호의 양 끝(2, 3), 그리고 슬롯의 폭(4)이 될 부분을 클릭하여 슬롯 형상을 그린다.

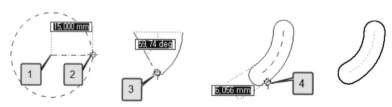

㉑ 폴리곤: 최대 120개의 면을 갖는 다각형을 생성한다. 다각형 아이콘을 클릭한 후 다각형 대화상자에서 생성할 다각형의 면의 수를 입력하고, 원에 내접 또는 외접 여부를 선택한다. 그런 다음 스케치 화면에서 다각형의 중심점을 클릭한 후 마우스를 이동하면 원하는 면의 수를 가진 다각형이 생성된다. 원을 그린 다음 내접 또는 외접을 선택하여 다각형을 그리면 내접은 다각형의 꼭지점에, 외접은 면에 부착되는 것을 볼 수 있다.

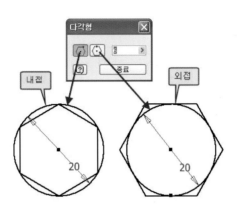

㉒ 모깎기: 모서리에 지정한 반지름 값으로 호를 생성한다. 모깎기의 크기는 입력된 치수를 더블클릭하여 변경할 수 있다.

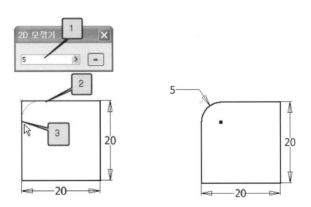

㉓ 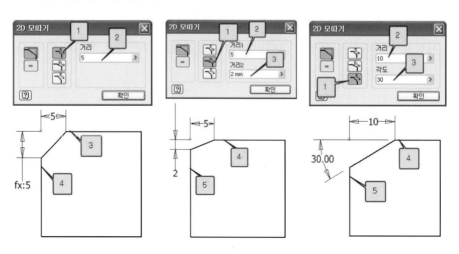 **모따기** : 그려진 도형의 모서리에 지정한 값으로 모따기를 생성한다. 대화창에서 거리와 각도를 지정하여 모따기를 할 수 있다. 도형을 클릭하는 순서에 따라서 모따기의 방향이 달라진다.

㉔ **A 텍스트** : 스케치에 텍스트를 생성한다. 텍스트를 좌측, 중간, 우측에 정렬할 수 있고 위, 중간, 아래로 정렬할 수 있다. 텍스트 상자가 꺼져 있으면 문자를 회전시킬 수 있다. 늘이기는 자간 간격을 늘일 수 있다. 기호를 클릭하여 다양한 기호를 삽입할 수 있다.

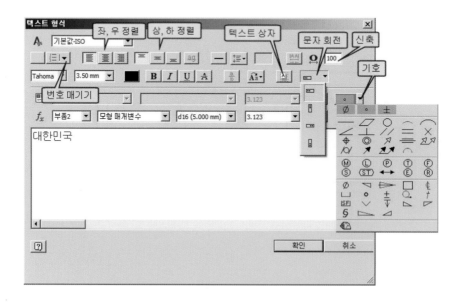

㉕ **형상 텍스트** : 직선, 원, 호 등에 접하는 텍스트를 생성한다.

형상(1) : 문자를 입력할 선 또는 호를 선택한다.

방향(2) : 문자의 입력 방향을 결정한다. 오른쪽에서 왼쪽을 선택하면 글자가 도장에
    새겨진 것처럼 거꾸로 나타난다.

위치(3) : 입력할 문자의 위치를 선의 위 또는 아래로 선택한다.

정렬(4) : 문자를 좌측, 중간, 우측에 정렬할 수 있다.

간격 띄우기 거리(5) : 선에서 문자까지의 거리를 입력한다.

맞춤 텍스트(6) : 선 또는 호의 길이에 맞게 문자를 배치한다.

글자의 모양(7) : 굵게, 기울임, 밑줄 등을 표시할 수 있다.

기호(8) : 각종 기호를 입력할 수 있다.

색상(9) : 문자의 색상을 지정한다.

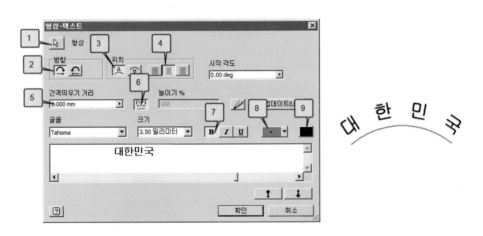

㉖ **점** : 스케치한 선이나 원의 중심 또는 사분점, 빈 곳 등 원하는 곳을 클릭하여 점
    을 표시한다.

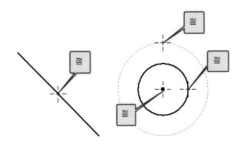

㉗ 🗂 **형상 투영** : 기존 객체의 모서리나 꼭짓점, 작업 피쳐 등을 현재 작업하고 있는 스케치 평면에 투영한다. 아래와 같은 모양이 있으면 먼저 윗면(1)을 클릭하여 **스케치 작성**(2)을 누른다. 그다음 **작성** 패널의 **형상 투영** 아이콘을 선택한 후, 투영하려는 모서리(3)를 클릭하면 현재의 스케치 면에 노란 선(4)으로 형상이 투영된다. 이렇게 투영된 선을 참고하여 선(5)을 그리는 등 다른 작업을 할 수 있다.

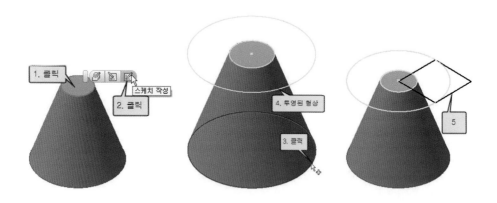

㉘ 🗂 **절단 모서리 투영** : 현재 작업하고 있는 스케치 평면을 교차하는 모서리를 스케치 평면에 투영한다.

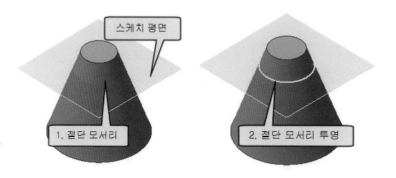

㉙ 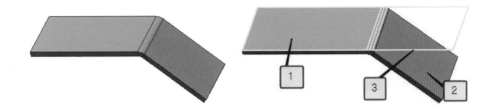 **플랫 패턴 투영** : 판금에서 접힌 면을 현재 스케치 면에 투영한다. 면(1)을 클릭한 후 **스케치 작성**을 누른 다음, **작성** 패널에서 **플랫 패턴 투영** 아이콘을 선택한 후 접힌 면(2)을 클릭하면 펴진 상태(3)로 투영된다.

㉚ 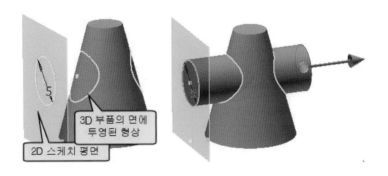 **3D 스케치에 투영** : 2D 스케치 면에 그려진 형상을 3D 부품의 면에 투영한다. 투영된 형상은 2D 스케치를 편집하는 동안 미리 볼 수 있다.

㉛ **DWG 형상 투영** : DWG로 그려진 형상을 모델링 할 수 있도록 도면의 형상을 투영시킨다.

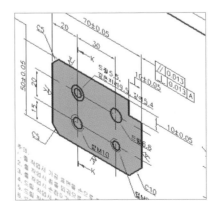

2-3. 수정 패널 활용하기

수정 패널에 있는 다양한 기능을 이용하여 이미 스케치한 내용을 원하는 모양으로 편집 및 수정한다.

❶ ✛ **이동** : 선택한 스케치 도형을 지정한 위치로 이동한다.

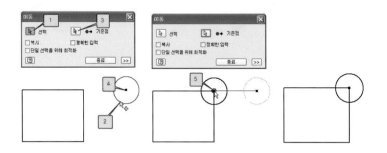

복사 기능을 활용하면 원래 도형이 복사가 된다.

정확한 입력에 체크(1)를 한 다음, 각 방향(2, 3)의 값을 입력하고 엔터키를 누르면 입력한 좌표로 이동(4)한다.

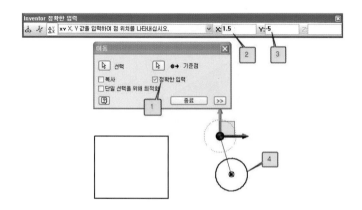

정확한 입력과 복사를 모두 체크하면 형상을 복사와 동시에 이동할 수도 있다.

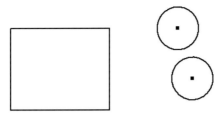

❷ 🗗 **복사** : 선택한 스케치 형상의 기준점을 지정하여 다중으로 복사할 수 있다. **클립**
보드에 체크를 해 두면 선택한 객체를 Ctrl-V를 이용하여 붙여넣기 할 수도 있다.

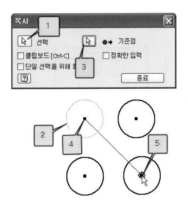

❸ ⟳ **회전** : 선택한 스케치 형상을 지정한 중심점을 기준으로 회전시킬 수 있다. 회전
각도는 직접 입력하거나 마우스를 이용하여 회전시킬 수 있다.

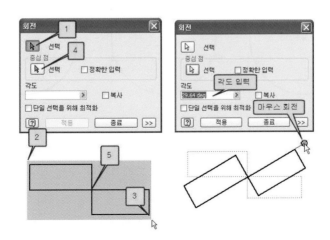

❹ ✄ **자르기** : 교차선 중에서 선택한 부분을 자르기 할 수 있다.

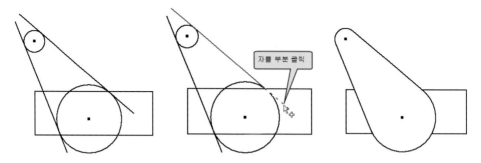

❺ ⊣ **연장** : 연장하고자 하는 선의 끝 방향을 클릭하면 교차선이 있는 곳까지 선이 연장된다.

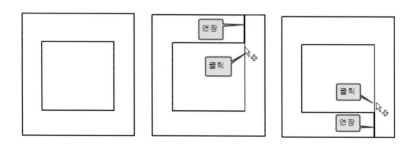

❻ ⊣⊢ **분할** : 그려진 도형의 선을 두 개 이상의 선으로 분할한다. 분할된 선에 커서를 옮기면 분할된 선을 볼 수 있다.

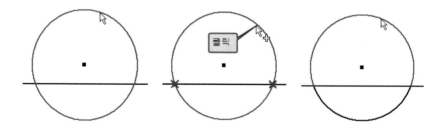

❼ ⧈ **축척** : 선택한 스케치 형상의 크기를 늘이거나 줄인다. 선택(1)을 클릭한 다음 첫 번째 모서리(1)에서 두 번째 모서리(2)까지 드래그한다. 기준점(4)을 클릭한 다음 늘이거나 줄일 기준점(5)을 클릭한다. 축척 계수(6)에 직접 입력하거나 마우스 포인트를 이동하여 축척을 조절하면 입력된 치수와 함께 늘거나 줄어든다. 입력된 치수는

구속에서 해제되고 늘이거나 줄인 치수가 입력된다.

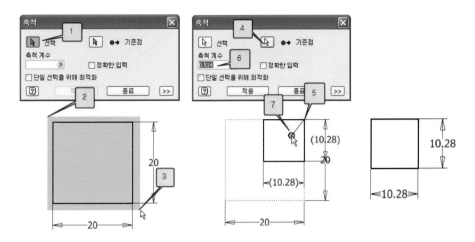

⑧ 📄 **늘이기** : 지정된 점을 사용하여 선택한 형상을 늘인다. 아래 그림에서 번호대로 클릭한 다음 기준점(5)을 잡아서 오른쪽 아래로 끌면 기준점(6)이 이동되며 늘어 난다.

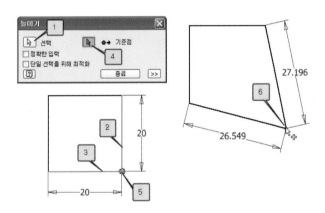

⑨ 📄 **간격 띄우기** : 선택한 스케치 형상을 간격을 띄워 복사한다.

• **루프 선택**과 **구속 간격 띄우기** : 기존의 선을 클릭한 다음 간격 띄우기 할 곳에서 한 번 더 클릭하면 같은 모양의 선이 완성된다. 선의 길이는 같지 않을 수 있다. 간격 띄우기의 하위 메뉴는 수정 패널의 간격 띄우기 도구를 클릭한 다음, 마우스 오른 쪽 버튼을 누르면 나타난다.

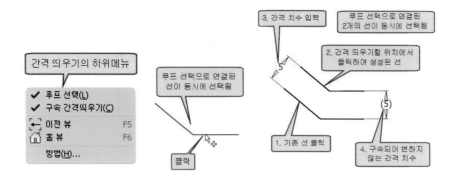

- 루프 선택하지 않고 **구속 간격 띄우기** : 간격 띄우기 할 선을 하나씩 선택한 다음 엔터키를 누른다. 그다음 간격 띄우기 할 위치에서 클릭하면 같은 모양의 선이 완성된다.

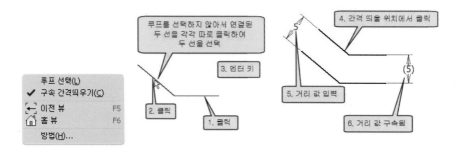

- **루프 선택**과 **구속 간격 띄우기**를 선택하지 않고 간격 띄우기 : 루프 선택을 하지 않았으므로 간격 띄우기 할 선을 하나씩 선택해야 한다. 또 간격이 구속되지 않으므로 거리는 각기 달리 입력할 수 있다.

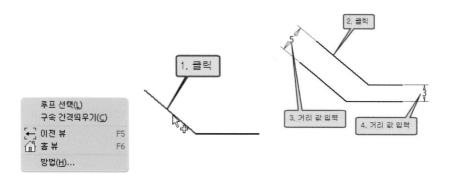

- **루프 선택**만 하고 간격 띄우기: 루프만 선택하면 한 번의 클릭으로 모든 선이 선택
되어 간격 띄우기를 할 수 있다. 역시 간격이 구속되지 않으므로 거리는 각기 달리
입력할 수 있다.

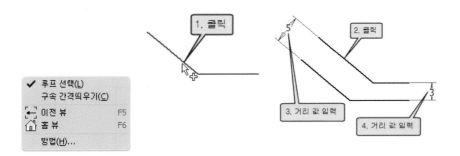

2-4. 패턴 패널 활용하기

❶ **직사각형 패턴**: 선택한 스케치 형상을 복제하고 행과 열로 배열한다. 형상(1)은
원(2)을 선택한다. 방향1(3)은 직사각형의 가로 선(4)을 선택한다. 가로 방향의 복재
수량(5)을 입력하고 사이 간격(6)을 입력한다. 방향2(7)는 세로 선(8)을 선택하고 복재
수량(9)을 입력한 다음 간격(10)을 입력한다. 확인(11)을 누르면 완성된다.

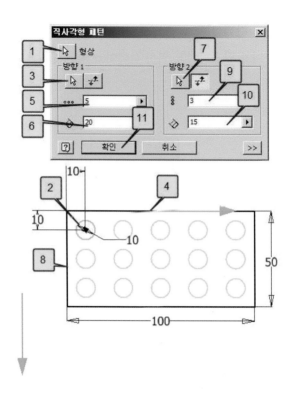

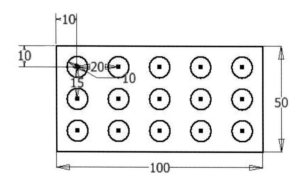

❷ ✛ **원형 패턴**: 선택한 스케치 형상을 호 또는 원형으로 배열한다. 형상(1)은 스케치
된 원(2)을 선택하고 축(3)은 점(4)을 선택한다. 복제할 수량(5)과 회전 각도(6)를 입력
한 다음 확인(7)을 누르면 선택한 스케치가 원형으로 배열된다. 이때 축은 점 또는
원의 중심이어야 한다.

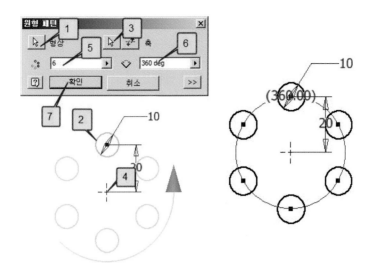

❸ ◗◖ **미러** : 선택한 축에 대칭되는 스케치 사본을 작성한다. 선택⑴은 대칭으로 복사
하고자 하는 스케치 선들⑵을 모두 선택한다. 미러 선⑶은 대칭축이 될 선⑷을 선택
하고 적용⑸을 누르면 대칭 스케치가 완성된다.

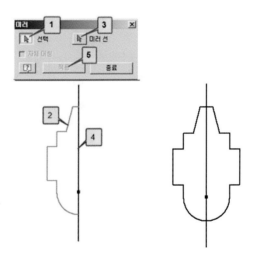

2-5. 구속 조건 패널 활용하기

　스케치 도형은 구속을 시켜야 안정된 모델링 결과를 얻을 수 있다. 구속 조건을 부여하는 방법은 스케치 요소에 치수를 기입하는 방법, 두 점을 일치시키는 방법, 선의 끝과 다른 선의 끝을 일치시키는 방법, 두 선이 서로 직각이 되도록 구속시키는 방법 등 여러 가지 방법이 있다. 다음은 인벤터에서 제공하는 구속 조건에 대하여 설명한다.

❶ ┌─┐ **치수**: 2D 혹은 3D 스케치에서 치수를 기입한다. 방법은 기입하고자 하는 스케치의 선(1)을 클릭한 후 치수를 기입하고자 하는 위치(2)에서 클릭하면 치수가 기입된다. 그러나 이 방법은 선(1)의 길이이지 직사각형의 아랫변에서 윗변까지의 거리가 아니다. 정확한 거리를 입력하기 위해서는 사각형의 아랫변(3)과 윗변(4)을 각각 클릭한 다음 치수를 기입하고자 하는 곳(5)에서 다시 클릭하면 사각형의 아래에서 위까지의 높이를 입력할 수 있다. 선과 선, 선과 점, 점과 점 간의 거리, 선과 선의 각도, 원의 지름, 반지름 등의 값을 기입할 수 있다. 기입된 치수는 더블클릭하여 다른 값으로 편집(6)을 할 수 있다. 20*1.5와 같은 수식으로 입력할 수도 있다.

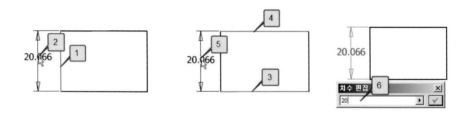

❷ ⬚ **자동 치수 및 구속 조건**: 치수를 기입하다 보면 누락되는 경우가 있다. 이때 사용하면 누락된 치수의 기입과 함께 구속 조건도 적용된다. 구속 조건 패널에서 **자동 치수 기입** 도구를 선택한 다음 대화상자의 곡선(1)을 클릭한다. 그다음 자동으로 치수를 기입할 요소가 있는 스케치 부분(2~3)을 드래그하여 선택하고 **적용**(4)을 누르면 누락된 치수(5)가 자동으로 기입된다.

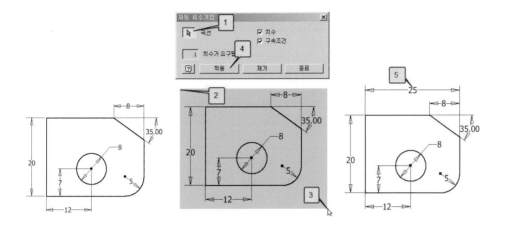

❸ 🖿 **구속 조건 표시** : 선택한 스케치 형상에 대한 구속 조건 정보를 표시한다. 구속 조건 표시 아이콘을 선택한 상태에서 스케치한 선을 클릭하거나 마우스를 드래그한 후 커서를 옮기면 선에 대한 구속 조건을 볼 수 있다. 이 기능은 키보드의 F8키와 F9 키를 이용하여 구속 조건 보기와 보이지 않기를 할 수 있다.

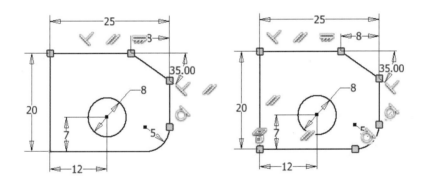

❹ 🗒 **구속 조건 설정** : 스케치 상태에서 구속 조건의 설정 상태를 변경할 수 있다.

• **일반** : 스케치 작성 시 구속 조건 방법에 대하여 각 항목에 체크한다.

• **추정** : 스케치 상태에서 구속 조건을 표시할 항목을 선택한다.

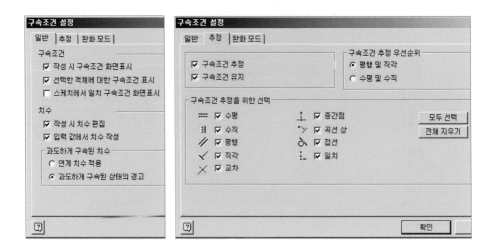

- **완화 모드**: 스케치 상태에서 구속 조건을 완화할 항목을 선택할 수 있다. 완화 모드 사용(1)에 체크가 되어 있고 **완화 끌기에서 제거할 구속 조건**의 항목에 체크가 되어 있는 상태에서는 화면 하단에 완화 모드(2) 버튼이 눌러져 있는 상태가 되고, 구속 조건 보기(F8키)를 하면 스케치된 모서리들이 녹색 점(3)으로 표시된다.

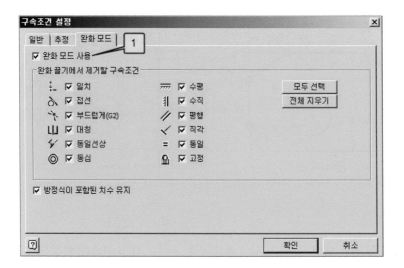

이 상태에서는 구속이 완화되었으므로 선(4)을 끌어다 다른 위치(5)로 이동시킬 수 있고, 치수는 참고 치수(6)로 바뀐다.

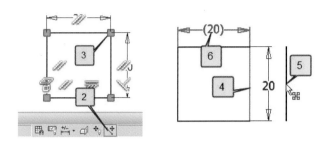

- **구속 조건의 삭제** : F8키를 눌러 구속 조건이 나타나도록 한 다음 마우스 포인트를 삭제하고자 하는 구속 조건(1)에 가져가면 구속 조건(2)이 빨간색으로 표시된다. 이 때 다시 마우스 포인트를 빨간 표시 위에 둔 상태에서 우측 버튼을 누른 다음 **삭제** (3)를 누르면 해당 구속 조건은 삭제된다. 구속 조건이 삭제된 상태에서는 선(4)을 끌어다 옮길 수 있다.

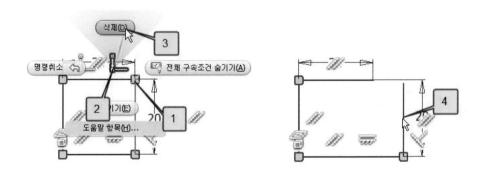

❺ └ **일치 구속 조건** : 두 점 또는 두 선의 끝을 한 점으로 구속한다.

- 두 선의 끝을 일치 구속하기

  구속하고자 하는 선의 한쪽 끝(1)을 클릭한 후 다른 선의 끝(2)을 다시 클릭하면 두 선의 끝은 일치 구속된다. **구속 조건 표시** 아이콘(3)을 선택한 다음 선(4)에 마우스 를 갖다 대면 일치 구속된 노란 점(5)이 보인다.

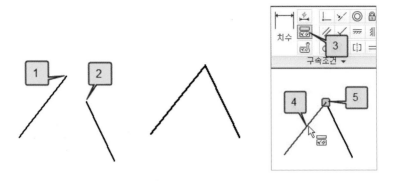

구속 조건 탭의 **구속 조건 설정**(1)에서 **작성 시 구속 조건 화면 표시**(2)에 체크를 하면 그림과 같은 스케치를 하는 동안에도 구속된 부분은 표시가 된다.

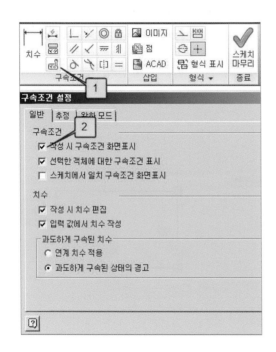

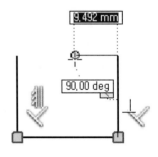

• 원의 중심을 선과 일치 구속하기

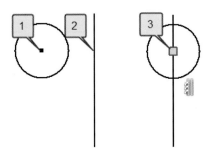

• 원의 중심과 선의 끝을 일치 구속하기

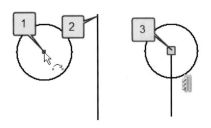

• 선의 끝을 다른 선에 일치 구속하기

❻ ✔ **동일선 상 구속 조건** : 동일하지 않은 두 선을 동일 직선상에 놓이도록 구속한다.

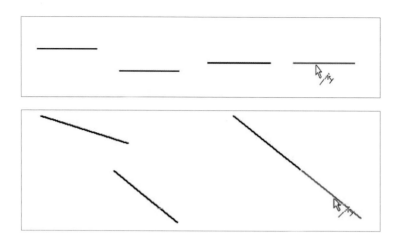

❼ ◎ **동심 구속 조건**: 중심이 다른 두 원 또는 호를 하나의 중심으로 구속한다.

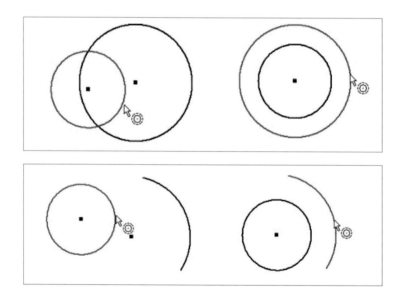

❽ 🔒 **고정**: 점 또는 선을 현재 위치에 고정한다. 아래 그림에서 네모 속의 원에 수직 선의 끝을 **일치 구속**하려 한다. 그런데 의도와는 다르게 선에 원이 일치 구속되었 다. 이런 경우에는 원의 중심이 움직이지 못하도록 **고정 구속**한 다음, 다시 선과 원 의 중심을 일치 구속하면 원에 선이 일치 구속된다.

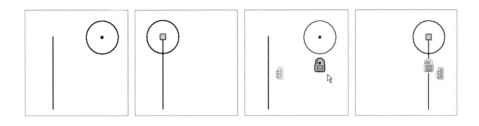

⑨ // **평행 구속 조건**: 선택한 두 선이 서로 평행이 되도록 구속한다.

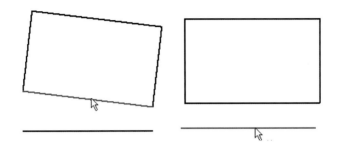

⑩ ✓ **직각 구속 조건**: 선 또는 타원의 축이 서로 직각이 되도록 구속한다.

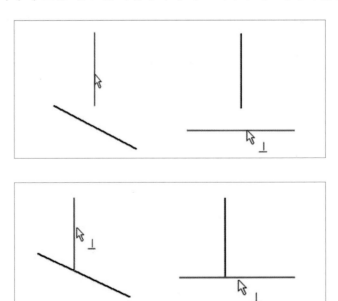

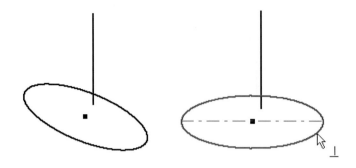

⑪ ⚏ **수평 구속 조건**: 선 또는 점이 X축과 평행이 되도록 구속한다.

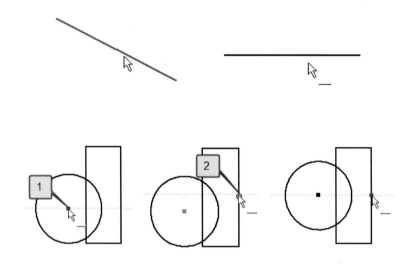

⑫ ⫼ **수직 구속 조건**: 선 또는 점이 Z축과 수직이 되도록 구속한다.

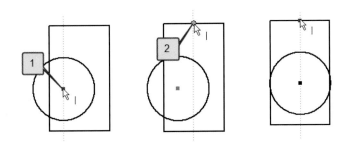

⓭ ⟨⟩ **접선**: 원이나 호 또는 타원이 직선과 접선이 되도록 구속한다.

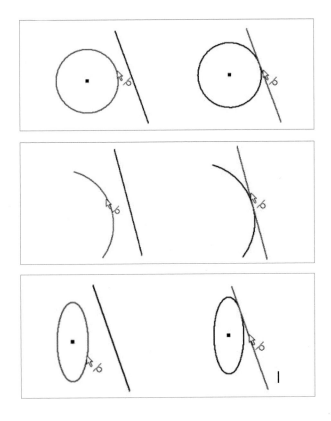

⓮ ✎ **부드럽게**: 두 선 사이의 **보간 스플라인** 선을 부드럽게 곡선 처리한다. 호⑴를 그린 다음 그 아래 직선⑵을 그린다. 다시 **보간 스플라인** 선을 호의 끝⑶에서 선의 끝⑷까지 그린 후 엔터키를 누른다. **구속 조건** 중에 **부드럽게**는 선택하여 호⑸와 **보간 스플라인** 선⑹, 다시 직선⑺을 클릭하면 두 선 사이의 **보간 스플라인** 선은 부드럽게 처리된다.

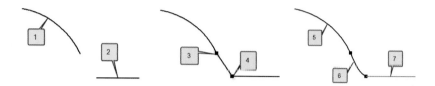

직선과 직선 사이에 **보간 스플라**인 선을 그린 후 구속 조건에서 **부드럽게** 하면 아래 오른쪽 그림과 같이 된다. 그런데 보간 스플라인 선의 구간이 적으면 아래 순서대로 작업해도 부드럽게 표현되지 않는다.

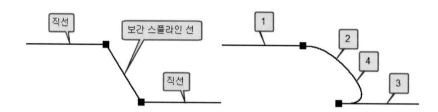

부드럽게 표현하기 위해서는 보간 구간을 중간에 한 번 더 클릭하여 작성한 다음 아래 그림의 순서대로 작업하면 부드러운 선을 표현할 수 있다.

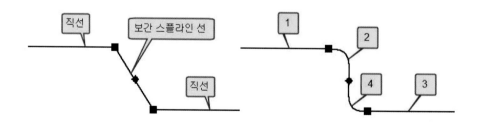

❶❺ 대칭 : 선택한 선 또는 곡선이 지정한 선을 기준으로 대칭이 되도록 구속한다.

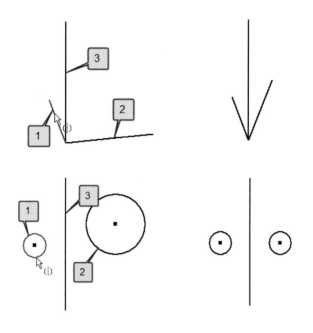

❶❻ 동일 : 선택한 개체의 지름이나 길이가 같도록 구속한다.

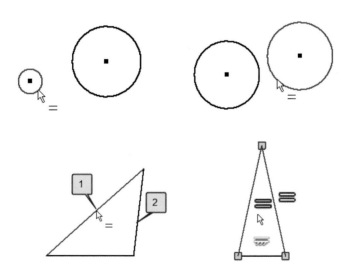

2-6. 형식 패널 활용하기

❶ ∠ **구성**: 선택한 스케치 형상을 구성 선 형상으로 바꾼다. 스케치한 선(1)을 클릭한 다음 **형식** 패널의 **구성**을 선택하면 점선으로 바뀌면서 구성 선(2)으로 된다. 구성 선은 돌출 등의 작업을 할 때 영향을 미치지 않는다.

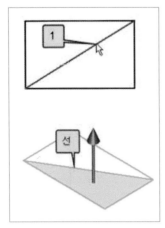
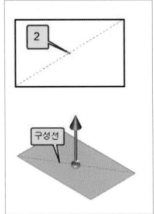

- 구성 선과 일치 구속을 이용하여 사각 틀의 중심에 문자를 넣을 수도 있다. 이 방법은 나중에 표재란의 작성과 부품표, 인적 사항을 작성하는 표를 만들 때 이용될 수 있다. 방법은 먼저, 문자가 들어갈 사각형을 그린 후 사각형의 대각선에 구성 선을 그려 둔다. 그다음 **작성** 패널의 **텍스트**를 선택하여 문자를 입력(1)한다. 좌우 맞춤을 중간(2), 상하 맞춤도 중간(3)으로 맞춘다. 텍스트 상자(4) 단추가 눌러져 있지 않은 상태로 만든 다음 **확인**(4)을 눌러 문자 입력을 끝낸다.

- 문자 입력이 끝나면 **구속 조건** 패널의 **일치**를 선택한 다음, 문자의 중심(6)과 사각형 안의 구성 선의 중심(7)을 클릭하면 사각형의 중심(8)에 문자를 배치할 수 있다.

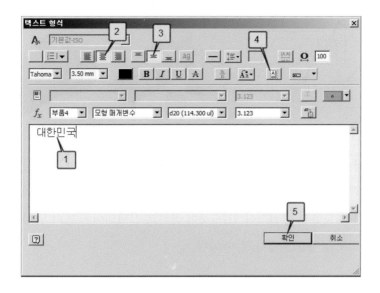

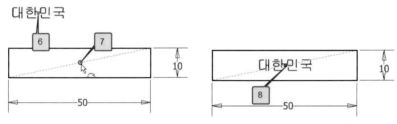

❷ 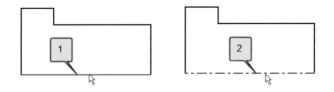 **중심선** : 스케치한 선(1)을 클릭한 다음 **형식** 패널의 **중심선**을 클릭하면 일반 선이 중심선(2)으로 변경된다.

또 아래 그림과 같은 도형에서 치수를 입력할 때 바깥 선(3)을 클릭한 다음 중심선(4) 을 클릭하면 지름 치수(5)가 입력된다. 그리고 **3D 모형** 탭의 **작성** 패널에서 **회전**을 선택하면 회전의 중심축(6) 역할을 한다.

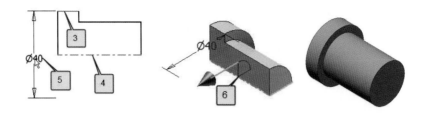

❸ ⊞ **중심점** : 형식 패널의 **중심점** 아이콘은 스케치 상태에서 보통 활성화되어 있다. 이 상태에서 부품의 면에 점을 표시하면 이 점은 중심점으로 되어 있기 때문에 구멍 모델링을 시도하면 중심점이 있는 곳이 곧바로 선택되어 구멍의 위치를 따로 지정 하지 않고도 구멍을 모델링 할 수 있다.

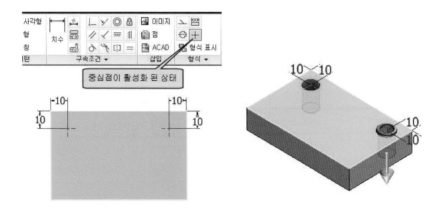

그러나 **형식** 패널의 중심점 아이콘이 활성화되지 않은 상태로 두고 스케치에서 점 을 표시하면 이곳은 구멍이 모델링될 위치가 곧바로 선택되지 않고 구멍 작업을 할 점 또는 위치를 다시 선택해 주어야 한다.

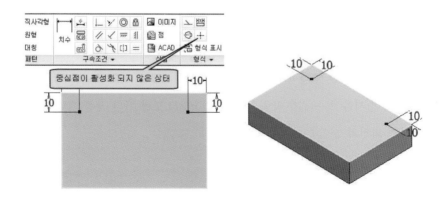

❹ 🔲 **연계 치수**: **스케치** 탭의 **구속 조건** 패널에서 **치수**를 클릭한 다음, 다시 **형식** 패널의 **연계 치수**를 클릭하여 치수를 입력하면 괄호 속에 연계 치수가 기입된다.

아래 그림에서, 육면체 부품의 길이는 80(1)이다. 그리고 구멍은 측면에서 10으로 구속되어 있다. 이 상태에서 **형식** 패널의 **연계 치수**를 클릭한 후 구멍 간 거리를 클릭하면 괄호 속에 치수 60(2)이 기입된다. 여기서 **스케치 편집** 상태로 만든 후 육면체의 길이 방향을 80(1)에서 60(3)으로 변경시키면, 측면에서 구멍 간 거리는 구속되어 있으므로 변하지 않으나, 구멍 간 거리는 60(2)에서 40(4)으로 연동하여 변한다. 연계 치수는 편집할 수 없다.

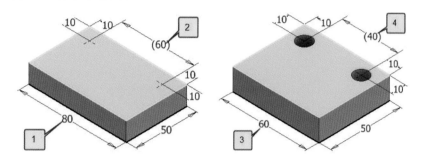

❺ 🔲 **형식 표시**: 아래 그림에서 마우스 포인트를 선(1)에 둔 상태에서 오른쪽 클릭하면 하위 메뉴에 특성(2)이 나타난다. 이곳을 클릭하여 **형상 특성** 대화상자에서 선의 특성을 변경할 수 있다.

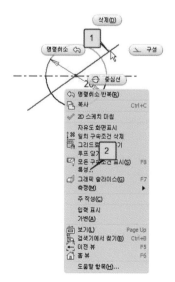

여기서 아래의 도형은 형상 특성을 이용하여 선의 특성을 변경한 경우다. 이렇게 변경된 특성은 **형식** 패널에서 **형식 표시** 아이콘이 눌러져 있지 않은 상태에서만 볼 수 있다.

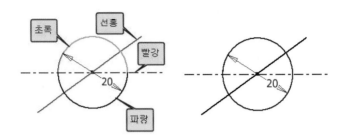

03 모델링 하기

　아래 그림은 책상 등에 설치하여 사용할 수 있는 소형 바이스이며, 모델링과 조립, 도면 작성 등의 과정을 쉽게 배울 수 있는 좋은 과제다. 지금부터 제시하는 따라 하기 방식을 통해 모든 부품을 모델링 한 다음, 조립을 하고 또 도면 작성을 할 수 있는 과정을 익히게 될 것이다.

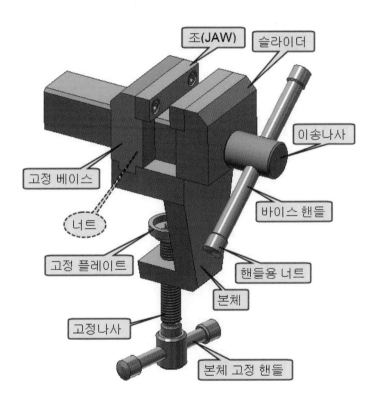

3-1. 본체 모델링 하기

지금부터 아래의 도면대로 부품을 모델링 해 보자.

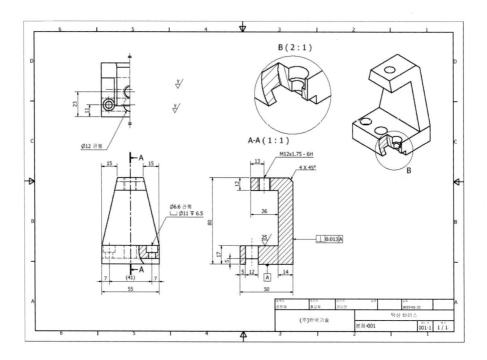

❶ 인벤터 프로그램을 실행한 다음 **새로 만들기** 창의 **새 부품**(1)을 클릭한다.

❷ 아래와 같은 화면에서 원점 앞의 +기호(1)를 클릭한다. **XY 평면**(2)을 마우스 오른쪽 클릭하고, 다시 **새 스케치**(3)를 클릭하면 **스케치** 탭이 활성화된 화면이 나타난다.

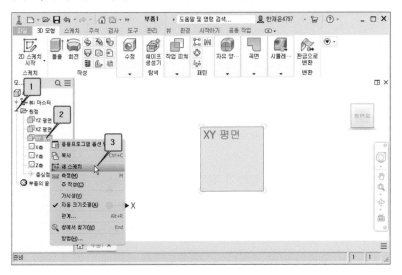

❸ 지금부터 스케치와 모델링을 시작한다. 이 단계에서는 아래 왼쪽 그림과 같은 모양의 직육면체를 모델링 할 것이다. **스케치** 탭의 **작성** 패널에서 **직사각형**(1)을 선택한다.

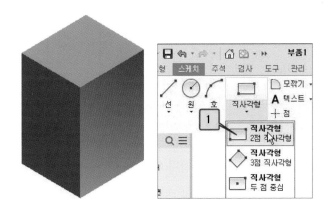

❹ 대략의 크기로 사각형을 아래 그림과 같이 그린다. 방법은 왼쪽 위(1)에서 클릭한 다음 오른쪽 아래(2)에서 다시 클릭하면 사각형이 완성된다. 이때 치수는 나중에 따로 편집할 수 있으므로 우선 사각형만 그린다.

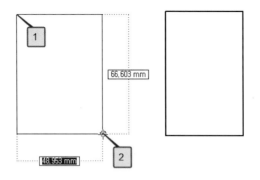

❺ 그려진 사각형에 치수를 기입하기 위해 **구속 조건** 패널에서 치수를 선택한다. 치수를 기입할 때 아래 그림에서와 같이 사각형의 왼쪽 변(1)을 클릭한 다음, 치수(2)를 입력해도  우선 보기에는 문제가 없게 보인다. 그러나 도형을 가운데 그림과 같이 수정을 하면 이 치수는 사각형의 아래에서 위까지의 거리가 아니라 왼쪽 변의 길이인 것을 알 수 있다. 따라서 이러한 방법의 치수 입력은 바람직하지 않다.

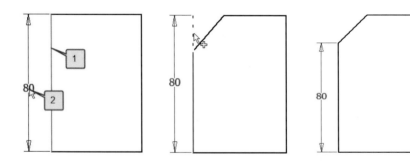

❻ 바른 방법으로 치수를 입력한다. 먼저 위쪽의 선(1)을 마우스로 클릭한 다음 아래쪽의 선(2)을 클릭한다. 치수를 기입할 적당한 곳(3)에서 다시 클릭하면 자동으로 치수(3)가 기입된다. 이 치수는 클릭한 두 변 사이의 거리 값이다. 그리고 이 치수는 정확한 치수가 아니므로 치수 편집 창에 정확한 치수 80(4)을 입력한 다음 체크(5)를 누르면 수정된 치수가 입력된다. 같은 방법으로 가로 55의 치수도 입력한다.

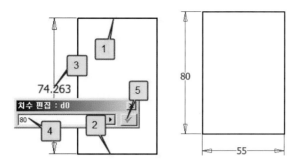

❼ 그런데 여기서 화면 오른쪽 아래의 상태 막대를 보면 "2개의 치수 필요"(1)라는 메시
지가 나타난다. 이것은 완전히 구속되지 않았다는 뜻이다. 이 선들이 구속되었는지
의 여부는 선(2)을 잡고 다른 곳(3)으로 옮겨 보면 선들이 고정되어 있지 않고 옮겨
다니는 것을 확인할 수 있다. **응용 프로그램 옵션-스케치-화면 표시**에서 **축**에 체
크를 하면 화면상에 X, Y축이 보이며 두 축의 중심(4)은 노란색 점이 있다. 이곳은
화면에서 무한 평면의 절대 중심이다. 화면의 중심점(4)과 사각형의 왼쪽 아래 모서
리(5)를 **일치 구속**하면 **완전히 구속됨**(6)이라는 메시지와 함께 구속된 선들의 색깔은
파란색으로 바뀐다.

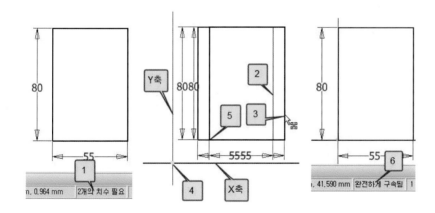

❽ 앞에서와 같은 불편을 피하기 위해서 처음부터 **두 점 중심 직사각형**을 선택하여 사
각형의 첫 번째 중심을 화면상의 중심점(1)과 일치시켜서 도형을 그린 다음 치수를
입력하면 **완전하게 구속**(2)이 된다.

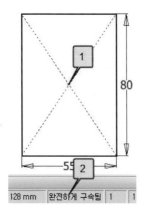

128 mm 　완전하게 구속됨 1 1

⑨ 스케치가 완료되었으므로 모델링을 한다. 먼저 리본 메뉴의 **3D 모형** 탭(1)에서 **돌출** (2)을 선택한다. **프로파일**은 직사각형 하나뿐이므로 자동으로 선택되어 있다. 돌출 거리(3) 50을 입력한 다음 **확인**(4)을 누르면 오른쪽 화면과 같은 모양의 모델링이 완성된다.

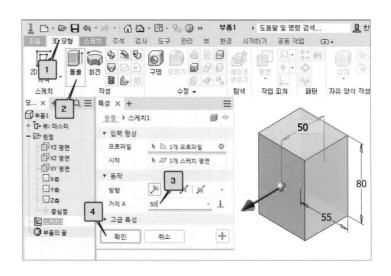

⑩ 도면에서 아래쪽에 50의 치수가 있는 부분이 우측면도이므로 이곳에 스케치하고 모델링을 한다. 그런데 여기서 육면체의 윗부분 치수가 50과 55로 되어 있어 크기가 비슷하므로 정확하게 치수를 확인할 필요가 있다.

키보드의 Shift키와 마우스의 휠을 누른 상태에서 이리저리 이동을 하면 모델링 형상이 회전을 한다.

그림과 같이 세운 자세로 만든 다음 검사 탭(1)에서 측정(2)을 선택한다. 거리를 알고
자 하는 왼쪽 모서리(3)와 오른쪽 모서리(4)를 클릭하면 길이가 측정된 두 곳 사이의
거리(5)와 선택한 모서리의 길이 값이 표시창(6)에 나타난다. 따라서 오른쪽 면(7)이
우측면도가 될 면이다.

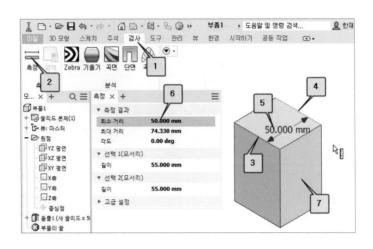

⓫ 모델링 된 도형의 우측(1)을 클릭한 다음 **스케치 작성**(2)을 눌러 그림과 같이 스케치
한 후 치수를 모두 입력한다.

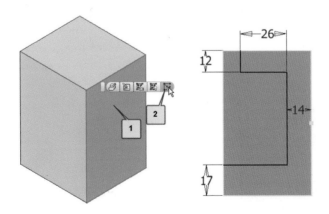

⓬ 우측면에 스케치한 내용을 바탕으로 모델링 한다. **3D 모형** 탭(1)에서 **돌출**(2)을 선택
하면 돌출 대화상자가 나타난다. 여기서 **프로파일**(3)은 우측면에서 제거해야 할 부
분(4)을 선택한다. **잘라내기**(5)를 선택하고 **거리**는 **전체**(6)로 한다. **확인**(7)을 누른다.

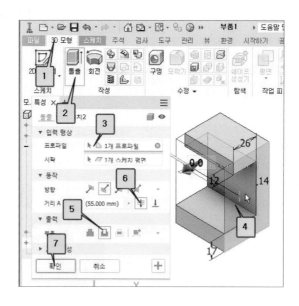

모델링 된 상태에서 치수를 확인하려면 검색기에서 **돌출** 앞의 +기호(1)를 클릭한 다음 **스케치**(2)에서 마우스 오른쪽 클릭하여 **가시성**(3, 4)에 체크를 하면 스케치한 치수를 볼 수 있다.

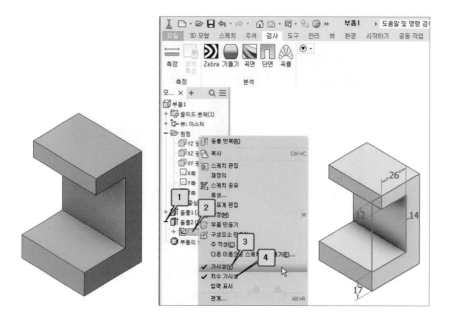

⑬ 다음은 도면에서 정면도에서 보이는 양쪽의 경사진 부분을 잘라내서 아래 그림과 같이 모델링 할 것이다.

⑭ 뷰 큐브에서 **배면도**(1)를 클릭하여 모델링 할 부품의 배면이 앞으로 오도록 배치한다. 그다음 스케치하고자 하는 면을 클릭한 후 스케치 작성 아이콘(2)을 다시 클릭하고 아래 오른쪽 그림과 같이 스케치한다.

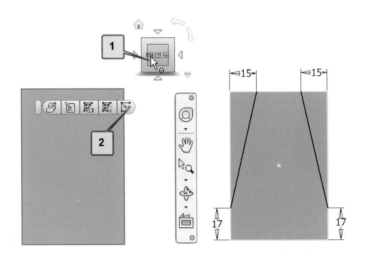

⑮ **3D** 모형 탭(1)의 **작성** 패널에서 돌출(2)을 선택하면 돌출 대화상자가 나타난다. 돌출 대화상자에서 프로파일(3)은 부품에서 제거할 곳(4, 5)을 선택하고 잘라내기(6)로, 거리는 전체(7)를 선택하고 확인(8)을 누르면 돌출이 완료된다.

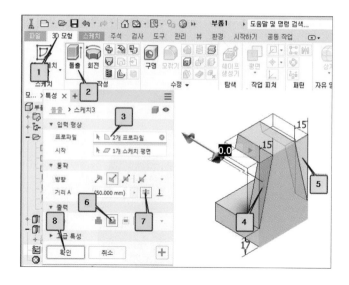

⑯ 윗면에 M12의 탭 구멍을 모델링 하기 위하여 면보기⑴ 아이콘을 클릭한 후 보고자
하는 면⑵을 클릭한다. 그다음 뷰 큐브의 회전⑶ 기능을 이용하여 스케치하기 편한
자세로 두고 윗면⑷을 클릭한 후 스케치⑸를 누른다.

작성 패널에서 **점**⑹을 선택하여 스케치 면에 점⑺을 표시한 후 탭 구멍이 위치할 치
수를 입력한다.

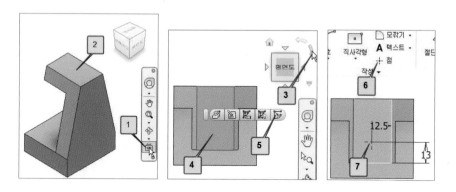

⑰ 3D 모형 탭⑴의 **수정** 패널에서 구멍⑵을 선택하면 구멍에 대한 **특성** 대화상자가 나
타난다. 탭 구멍⑶을 선택하고, 스레드 유형⑷은 ISO Metric profile, 크기는 M12⑸이
다. 불완전 나사부 없이 전체를 관통해야 하므로 전체 깊이⑹에 체크한다. 종료는
끝⑺을 선택한 다음 끝 곡면⑻을 클릭한다. 종료할 면을 선택하기 위해 끝 곡면⑻을
누른 후 부품의 면⑼을 선택한다. 확인⑽을 누르면 탭 구멍의 모델링이 완성된다.

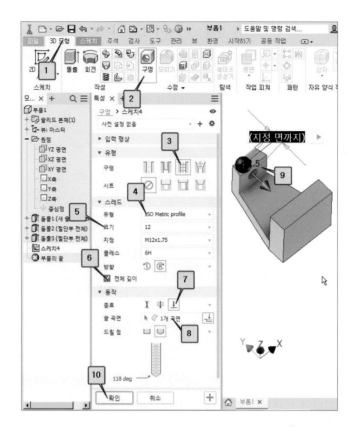

⑱ 오른쪽 그림과 같이 스레드 기능에 의해 나사의 모양이 모델
링 되었다. 그러나 스레드 기능에 의해 만들어진 나사는 그
래픽 상태에서 나사 모양으로 보일 뿐 실제 삼각형의 산이
있는 나사가 아니다. 실제 삼각형의 모양으로 이루어진 나사
의 모델링은 코일 기능을 이용하여 모델링 하여야 한다. 이
내용은 생산자동화 산업기사 기출문제 연습하기-1의 브라
켓 모델링 하기와 코일 작성하기 등에서 다시 자세히 설명할 것이다.

⑲ 아래와 같이 자유 회전(1)을 클릭하여 회전 도구(2)를 이리저리 돌리면 X, Y, Z 방향
으로 원하는 자세로 자유로이 회전할 수 있다. 그리고 자유 회전 상태에서 키보드의
Shift키와 마우스 왼쪽 버튼을 누른 채 마우스 포인트를 "휙" 하고 빠르게 이동하면
그 방향으로 계속 회전을 하고 다시 클릭하면 회전이 멈춘다.
또 키보드의 F4키를 누른 상태에서 마우스를 옮겨서 자유로이 회전할 수도 있다.

Shift키와 마우스의 휠을 누른 상태에서 마우스를 이동해도 부품을 자유롭게 회전할
수 있다.

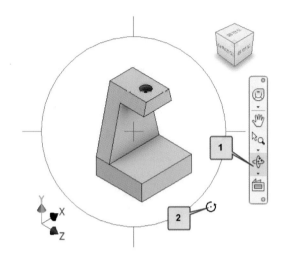

⑳ 오른쪽 측면에 홈을 모델링 한다. 오른쪽 측면⑴을 클릭하여 **스케치 작성**⑵을 누른
다음 스케치하고 도면에 따라 홈의 치수를 모두 입력한다.

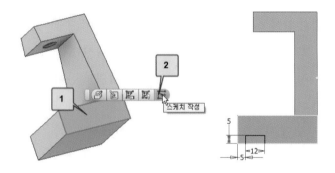

㉑ **모형** 탭⑴의 **작성** 패널에서 **돌출**⑵을 선택한다. **돌출** 대화상자에서 **프로파일**⑶은
홈 부분⑷이고, **잘라내기**⑸를 선택한다. 거리는 **전체**⑹를 선택하고 **확인**⑺을 눌러
돌출을 마무리한다.

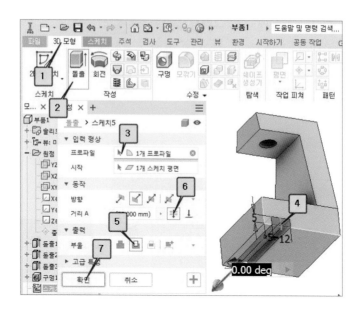

㉒ 여기서 잠깐, 뷰 큐브의 오른쪽 상단 모서리(1)를 클릭하면 정면도, 평면도, 우측면도가 보이는 입체 형상의 등각 투영도가 보인다. 이 상태에서 뷰 큐브 근처(2)에서 마우스 우측 버튼을 누른 다음 **현재 뷰를 홈 뷰로 설정**(3)하고 **뷰에 맞춤**(4)을 선택하면 홈 뷰(5)를 눌렀을 때 언제나 그림과 같은 등각 투영된 형상을 화면의 정중앙에서 볼 수 있다. 고정거리에 설정하면 지금 설정한 이 크기와 위치 그리고 뷰의 모양이 홈 뷰가 되어 화면에 보인다.

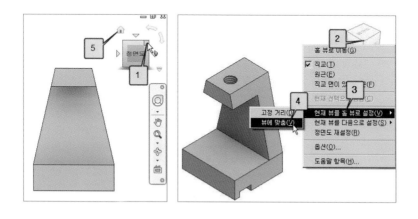

㉓ 바닥에 구멍을 모델링 하기 위하여 스케치할 면(1)을 선택한 후 다시 스케치(2)를 선택한다. 그런데 바닥 면(3)이 윗부분에 가려서 보이지 않는다. 이때는 마우스 오른쪽

을 클릭하여 나타나는 메뉴 중 **그래픽 슬라이스**(4)를 선택하면 그래픽상으로 스케치할 면을 잘라내고 아랫면(5)만 보이도록 하여 스케치가 가능하도록 해 준다. F7키를 눌러도 **그래픽 슬라이스**가 실행된다. 그래픽 슬라이스가 된 상태에서 점을 표시하고 치수를 입력한다.

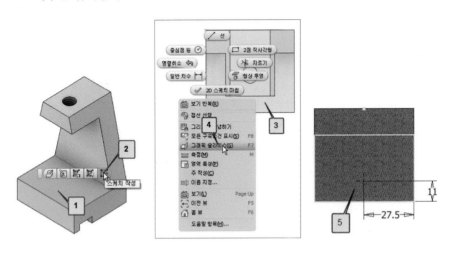

❷❹ 3D 모형 탭(1)의 **수정** 패널에서 **구멍**(2)을 선택한 다음 유형은 **단순 구멍**(3)을 선택한다. 구멍 크기에서 종료는 **전체 관통**(4)을 선택한 다음 구멍 크기 12(5)를 입력하고 **확인**(6)을 누르면 구멍이 모델링 된다.

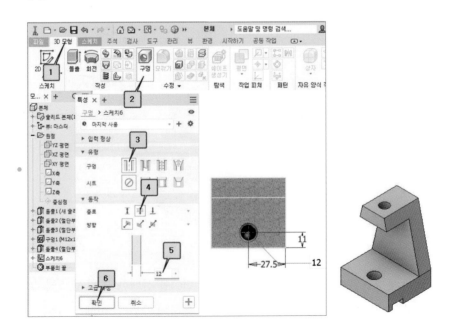

㉕ 바닥 면에 두 개의 카운터 보링 구멍을 모델링 한다. 이번에는 다른 방법으로 모델링 해 보자.

3D 모형 탭(1)의 **작성** 패널에서 **구멍**(2)을 선택하면 **구멍** 대화상자가 나타난다. 아래 그림의 번호대로 **단순 구멍**(3)과 **카운터 보어**(4), **전체 관통**(5)을 선택한 다음 구멍의 크기(6)를 입력한다. 그다음 구멍을 모델링 할 위치(7)에 클릭한 후 구멍의 오른쪽 모서리(8)를 클릭하고 구멍 중심에서 모서리까지의 거리 7 mm를 입력한다. 이웃한 모서리(9)까지의 치수 11 mm도 입력한 후 확인(10)을 누르면 카운터 보어 구멍이 모델링 된다. 여기서 M6 홈 붙이 머리 볼트가 들어갈 구멍의 크기는 KS 규격에 따르면 엔드밀 11, 깊이 6.5, 드릴 6.6으로 되어 있다. 그리고 입력 순서는 위에 제시한 방법과 조금 다를 수 있다.

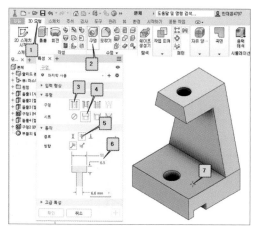
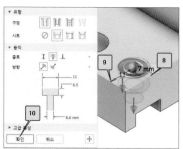

㉖ 반대편에도 같은 모양의 카운터 보어 구멍이 있다. 이것은 대칭이나 직사각형 패턴 기능으로 모델링할 수도 있으나 나중에 다루기로 하고 여기서는 같은 요령으로 작업하여 모델링을 마무리하면 오른쪽 그림과 같은 모양이 완성된다.

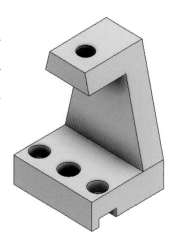

㉗ 아래 그림은 모따기를 제외한 모든 작업이 완료된 모습을 여러 각도에서 본 모습이다.

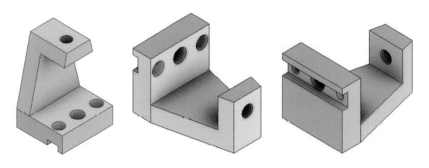

3-2. 슬라이더 모델링 하기

아래 도면을 참고하여 슬라이더를 모델링 한다.

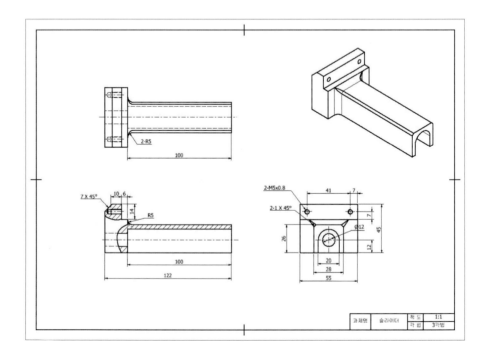

❶ 먼저 **새로 만들기**(1)에서 **부품**(2)을 선택한다. 스케치 화면이 열리면 원점 앞의 체크 기호(3)를 클릭하고 XY 평면(4)을 선택한 다음 마우스 오른쪽 버튼을 눌러 **새 스케치** (5)를 클릭한다.

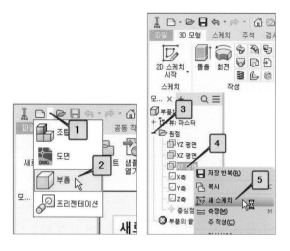

❷ **스케치** 탭(1)에서 **직사각형**(2)을 선택하고, 그다음 **두 점 중심 직사각형**(3)을 선택한 다. 화면에서 노랗게 표시된 중심점(4)을 클릭한 다음 마우스 포인트를 모서리(5)까 지 옮긴다. 그러면 치수 입력창(6)이 파란색으로 변하는데 이때 도면의 정면도에서 가로 치수 122를 입력한 후 다시 키보드의 탭키를 눌러 세로치수 45(7)를 입력하고 엔터키를 누르면 직사각형이 스케치된다.

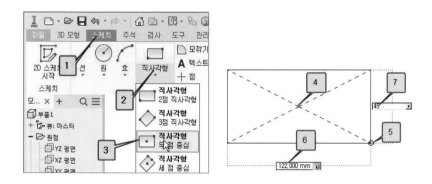

❸ 스케치가 완료되면 **3D 모형** 탭(1)의 **작성** 패널에서 **돌출**(2)을 선택하고 돌출 대화상 자에 거리(3) 55를 입력한 후 **확인**(4)을 누르면 돌출이 완성된다.

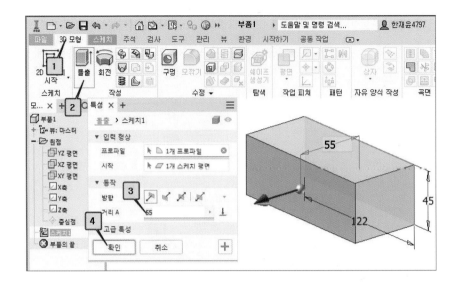

❹ **작업 피쳐** 탭에서 **평면**(1)을 선택한 다음, **평면에서 간격 띄우기**(2)를 선택한다. 부품의 오른쪽 평면(3)을 클릭해서 새로운 평면을 지정할 위치(4)까지 끌고 가거나, 치수입력창(5)에 −100을 입력하고 확인(6)을 누르면 오른쪽에서 −100 mm만큼 떨어진곳(5)에 작업 평면이 설정된다.

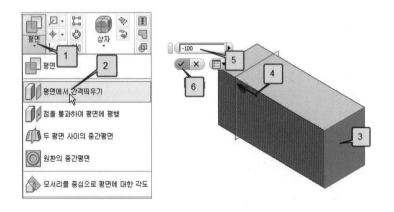

❺ 검색기 창의 **작업 평면**1(1)을 마우스 오른쪽 클릭한 다음 메뉴 중어서 **새 스케치**(2)를 클릭하면 모델링 할 부품의 평면(3)이 스케치 화면으로 바뀐다.

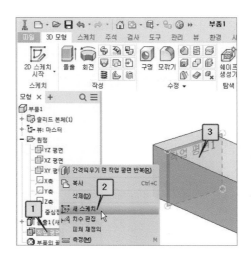

⑥ 스케치 화면에서 F7키를 눌러 그래픽 슬라이스 상태(1)로 두고 **절단 모서리 투영**(2)
을 선택하면 절단된 모서리의 선(3)이 보인다. **면 보기**(4)를 누른 후 모서리의 선(3)
을 클릭하면 작업할 평면(5)은 정면으로 위치한다.

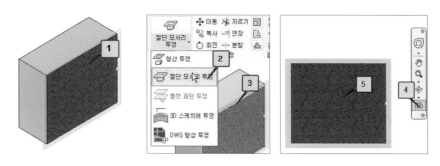

⑦ 아래 그림과 같이 스케치한 다음 구속 조건 패널의 수직 구속을 클릭하여 부품의 외
곽선 중간(1)과 선의 중간(2)을 클릭하면 두 선(3, 4)의 중심은 수직으로 구속되고 선의
색깔은 모두 파란색으로 변하여 완전히 구속되었음을 알 수 있다.

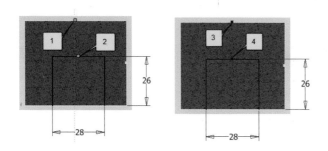

❽ 작성 탭의 선 기능을 이용하여 안쪽의 선(1)을 모두 그리고 치수를 입력한다. 이때 오른쪽 22 치수는 먼저 아래쪽의 선(2)을 클릭한 다음 호의 맨 윗부분(3)에 마우스를 갖다 대면 선과 원의 외곽 치수를 입력할 수 있는 기호(4)가 보인다. 이때 클릭하면 치수를 입력할 수 있다. 기호(4)의 모양은 오른쪽 그림에서와 같은 모양이다.

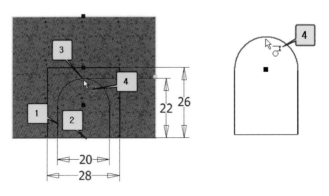

❾ **3D 모형** 탭(1)에서 **돌출**(2)을 선택한 다음 **프로파일**(3)은 바깥쪽 면(4)과 안쪽 면(5)을 선택한다. 이 부분을 잘라내야 하므로 **잘라내기**(6)를 선택하고 방향은 **기본값**(7)을 지정한다. 거리는 **전체**(8)로 한 다음 **확인**(9)을 누르면 부품 중간의 스케치한 면에서부터 끝까지 잘려나간 모습을 볼 수 있다.

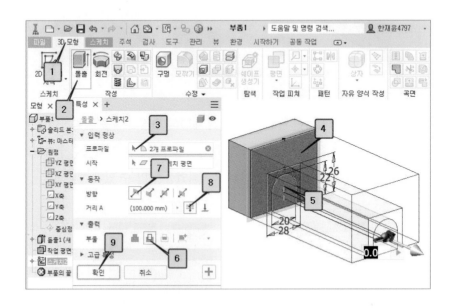

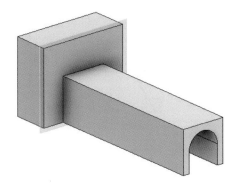

⓫ 아래 그림과 같이 뷰 큐브에서 우측면도(1)를 선택했으나 방금 모델링 한 부분(2)이 구분되지 않을 수 있다. 이것은 뷰 탭(3)에서 비주얼 스타일(4)을 모서리로 음영 처리(5)하면 모서리의 선(6)이 보인다.

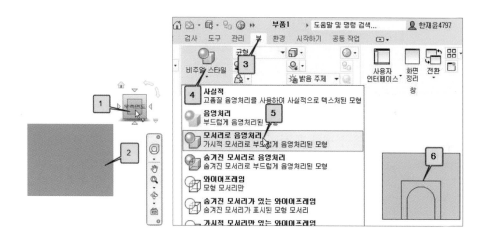

⓬ 도면의 우측면도 중에 가운데 지름 12의 구멍을 모델링 한다. 먼저 3D 모형 탭(1)의 수정 패널에서 **구멍**(2)을 선택한다. 구멍을 낼 위치(3)를 클릭한다. 그다음 반원의 모서리(4)를 클릭하여 모서리와 동심이 되도록 한다. 구멍의 유형은 **단순 구멍**(5), 시트는 **없음**(6), 종료는 **전체 관통**(7), 방향은 **기본값**(8), 지름(9)은 12 mm를 입력하고 **확인**(10)을 누르면 바깥의 호와 동심인 구멍이 모델링 된다.

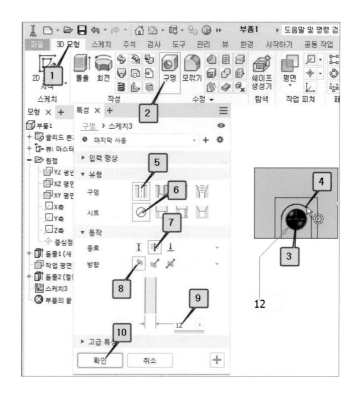

⓭ 조(jaw)가 조립될 부분을 마련하기 위해 홈을 모델링 한다. 부품의 측면(1)을 클릭하여 **스케치 작성**(2)을 선택한 후 선(3)을 그리고 치수를 입력한다.

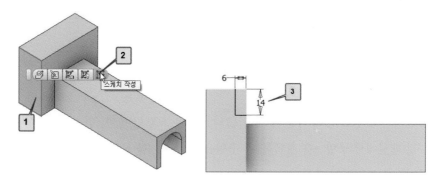

⓮ 모형 탭에서 돌출을 선택한다. 프로파일도 1개이고 스케치 평면도 1개이므로 자동으로 프로파일이 선택되었다. 출력에서 부울은 **잘라내기**(1)를 선택하고 거리는 **전체 관통**(2)을 선택한 후 **확인**(3)을 누르면 완성된다.

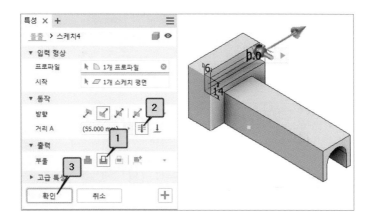

⓯ 왼쪽에 큰 모따기가 있다. **수정** 패널에서 **모따기**(1)를 선택한다. 대화상자에 모따기 방법(2)과 **모서리**(3)는 이미 활성화되어 있다. 모따기 할 부품의 모서리(4)를 선택하고 거리(5)에 모따기 값 7을 입력한 다음 확인(6)을 누르면 모따기가 완성된다. 여기서 (7), (8)번은 모따기를 할 때 거리와 각도를 입력해서 모따기 하는 방법이다.

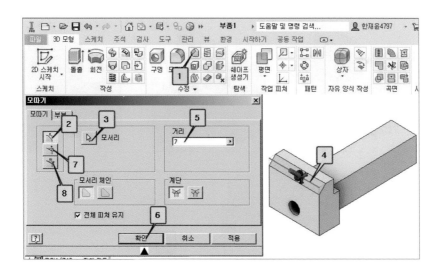

⓰ 코너 부분의 라운드는 모깎기를 이용한다. **3D 모형** 탭의 **수정** 패널에서 **모깎기**(1)를 선택하여 대화상자에 반지름(2)값 5를 입력하고 모드는 **모서리**(3)로 한다. 부품의 모서리(4, 5, 6)를 선택한 다음 **확인**(7)을 눌러 완료한다.

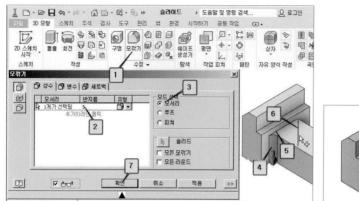

⑰ 나머지 모서리도 앞의 요령으로 모따기를 한다. 그런데 순서를 잘 못 잡아서 ⑴번 모서리를 모따기 한 후에 모깎기를 하면 ⑷번처럼 되어 버린다. 이것은 모서리가 3 개⑴, ⑵, ⑶이므로 모두 거리 5로 모깎기를 하면 ⑸번처럼 된다. 그래서 모서리⑵, ⑶를 먼저 모깎기 완료한 후 두 모서리⑹, ⑺를 거리 1로 모따기 해야 한다.

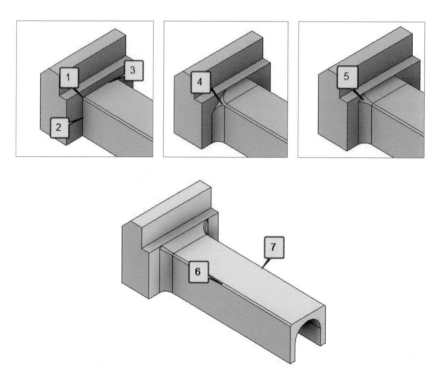

⑱ 조(jaw)를 고정시킬 부분의 탭 구멍을 모델링 한다. 수정 탭에서 **구멍**(1)을 선택한 다음 구멍 대화상자에서 구멍의 유형은, 배치는 **탭 구멍**(2)으로 하고 시트는 **없음**(3)을 선택하고 스레드의 유형과 크기(4)를 입력한다.

종료는 **거리**(5)를 선택하고 방향은 **기본값**(6)으로 한다. 드릴 구멍 깊이 13 mm, 나사부 깊이 10 mm(7)를 입력한다. 이제 탭 구멍이 위치할 곳(8)을 클릭한 다음 모서리(9)를 클릭하고 구멍 중심에서 모서리까지의 거리 7 mm를 입력한다. 또 왼쪽의 모서리(10)를 클릭하여 거리 7 mm를 입력한 다음 **확인**(11)을 누르면 왼쪽의 탭 구멍이 완성된다.

오른쪽의 탭 구멍도 같은 요령으로 작업하면 슬라이더의 모델링이 모두 완료된다.

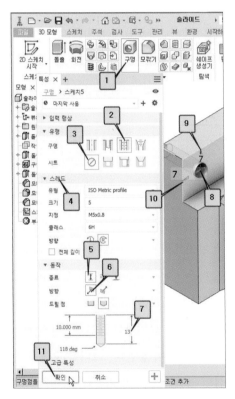

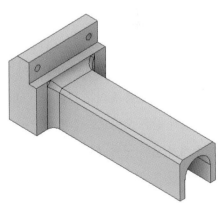

3-3. 회전 기능을 이용한 이송 나사 모델링 하기

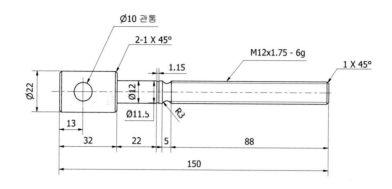

❶ 위 도면을 참고하여 스케치 화면에서 아래와 같은 모양으로 스케치한다.

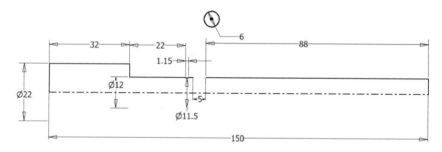

❷ 여기서 작은 홈의 크기는 멈춤 링이 조립될 자리로서 KS에 따르면 축 12 mm에 적용
되는 멈춤 링용 홈의 지름은 11.5 mm이고, 폭은 1.15 mm이다. 도면에서 R3의 홈은
다음과 같은 요령으로 스케치한다. 먼저 지름 6 mm의 원(2)을 하나 그린다. 그다음
스케치 탭의 **구속 조건** 패널에서 **일치 구속 조건**을 선택한다. 그다음 선의 끝(1)을
클릭한 후 원(2)을 클릭하면 선의 끝과 원이 일치되어 붙는다. 그다음 오른쪽 선의
끝(3)을 클릭한 후 원(4)을 클릭하면 원이 선의 양쪽 끝단에 일치된다. 마지막으로 **수
정** 패널의 **자르기**를 선택하여 필요 없는 원의 윗부분을 잘라내면 스케치가 완료
된다.

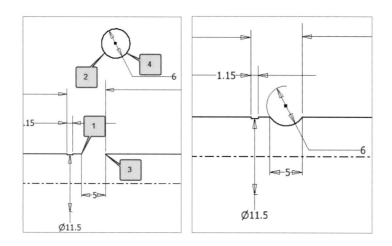

❸ 스케치가 완료되었으면 **3D 모형** 탭의 **작성** 패널에서 **회전**을 선택한다. **프로파일**은 회전이 될 중심축의 선이 중심선으로 그려져 있고 피쳐가 하나뿐이면 자동으로 축이 모델링 된다. 그러나 중심이 될 선이 실선으로 그려져 있으면 중심이 될 축을 선택해 주어야 한다.

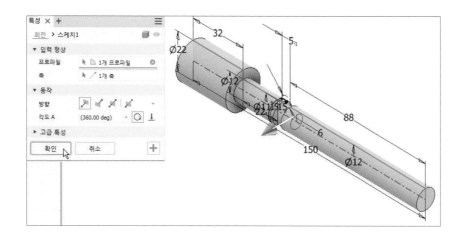

❹ 왼쪽과 오른쪽을 거리 2와 1로, 그리고 나사의 끝부분도 1로 각각 모따기 한 다음, **3D 모형** 탭의 **수정** 패널에서 **스레드**(1)를 선택하고 스레드를 모델링 할 면(2)을 선택하면 1개의 곡면(3)이 자동으로 선택된다. 스레드의 규격(4)을 입력하고 **확인**(5) 버튼을 누르면 스레드가 완성된다.

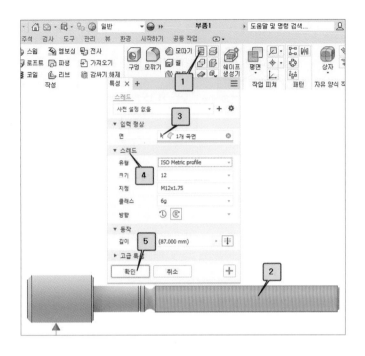

❺ 다음은 도면의 왼쪽에 핸들이 삽입될 12 mm의 구멍을 모델링 하고자 한다. 검색기 창에서 원점⑴ 앞의 +기호를 클릭한 다음 **XY 평면**을 마우스 오른쪽 클릭하면 축의 가운데 XY 평면이 나타난다. 여기서 **새 스케치**⑶를 클릭하여 스케치한다.

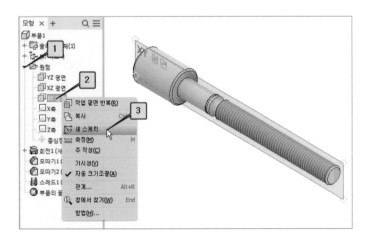

❻ F7키를 눌러 **그래픽 슬라이스** 상태로 만들고 **작성** 패널의 오른쪽에 있는 **절단 모서리 투영**을 클릭해서 절단된 모서리가 보이도록 한 다음, 원을 그려서 치수 10과 측면까지의 거리 13을 입력하고 축의 중심⑴과 원 중심⑵을 수평으로 구속한다.

❼ **3D 모형** 탭의 **작성** 패널에서 **돌출**을 선택한 다음 **프로파일**은 방금 스케치한 원이 1
개의 평면과 1개의 프로파일을 가지므로 자동으로 선택되었다. **잘라내기**(1)를 선택
하고 방향은 프로파일이 축의 중간 평면에 있으므로 **대칭**(2)을 선택한다. 거리는 **전
체**(3)를 선택한 후 **확인**(4) 버튼을 누르면 모델링이 완성된다.

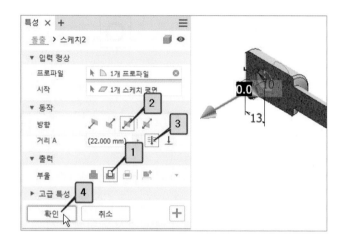

3-4. 너트 모델링 하기

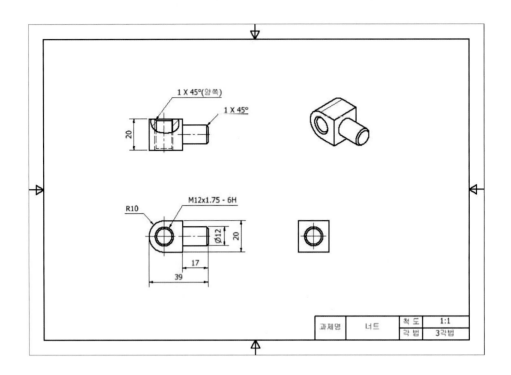

과제명	너트	척도	1:1
		각법	3각법

❶ 그림에서 원호를 그리는 방법은 **스케치** 탭의 **작성** 패널에서 **선**을 선택하여 선의 끝
(1)에서 클릭하고 다시 왼쪽(2)에서 클릭한다. 그다음 마우스 포인트를 움직이지 말
고 그 자리(2)에서 한 번 더 클릭하여 호의 끝 방향(3)으로 원을 그리며 마우스를 이
동하면 원호가 그려진다. 그런 다음 원호의 끝(3)에서 클릭하고 나머지 선을 오른쪽
그림과 같이 그린 후 치수를 입력한다.

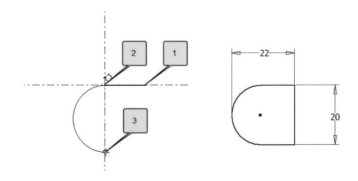

❷ 스케치가 완성되었으면 20(1)만큼 돌출시킨다.

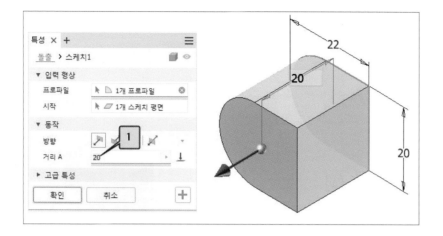

❸ 부품의 평면(1)을 클릭하고 **스케치 작성**을 선택하여 부품의 측면 중심에 지름 12의 원(1)을 그린다. **3D 모형** 탭에서 돌출을 선택하여 거리 17만큼 돌출시킨다.

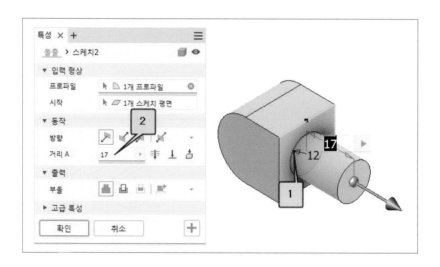

❹ 다음, 탭 구멍을 모델링 한다. **수정** 패널에서 **구멍**을 선택한 다음 **구멍** 대화상자가 나타나면 탭 구멍을 낼 위치(1)에서 클릭한다. 그다음 탭 구멍과 동심이 될 모서리(2)를 클릭한다. 구멍의 유형은 탭 구멍(3), 시트는 없음(4)을 선택하고 스레드(5)의 유형과 크기를 입력한다. 종료는 전체 깊이(6)를 선택한 후 확인(7)을 누르면 스레드가 완성된다. 모따기를 하면 모델링이 모두 끝난다.

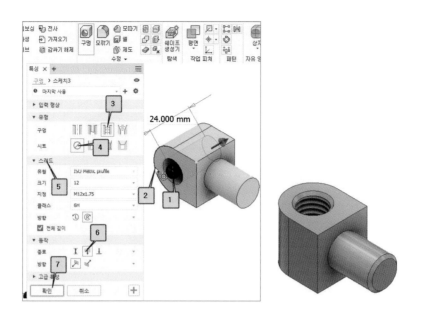

3-5. 고정 조 베이스 모델링 하기

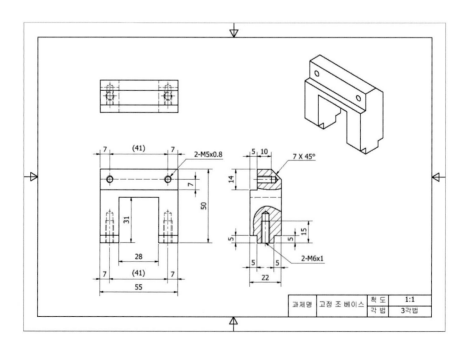

❶ 스케치 화면에서 도면과 같이 외형을 스케치한 다음 두께 22로 돌출시킨다.

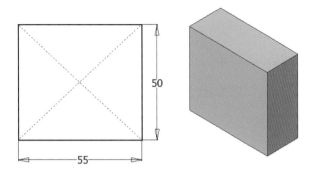

❷ **스케치** 탭의 **작성** 패널에서 **2점 직사각형**을 이용하여 직사각형의 아래 왼쪽⑴과 위 오
른쪽⑵을 클릭하여 가로 28, 세로 31 크기의 직사각형을 스케치하고 선의 중간⑶, ⑷을
수직으로 구속한다. **돌출**을 이용하여 가운데 사각형 부분을 **차집합**으로 잘라낸다.

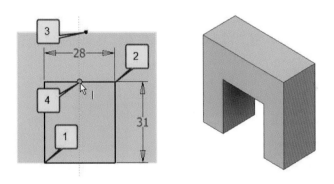

❸ 부품의 오른쪽 면에 왼쪽 그림과 같이 스케치하고 스케치한 부분을 **차집합**으로 전
체를 잘라낸다.

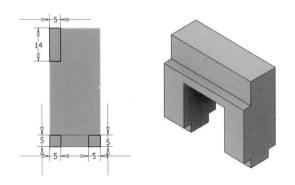

❹ 조가 고정될 위치에 탭 구멍을 내기 위하여 그림과 같은 위치에 두 개의 점을 표시한다. 다음, **3D 모형** 탭의 **수정** 패널에서 **구멍**을 선택하여 M5, 드릴 깊이 13 mm, 나사부 깊이 10 mm로 탭 구멍을 모델링 한다.

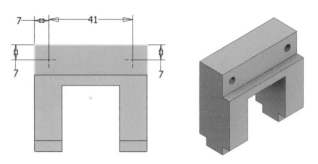

❺ 본체와 조립될 부분에 탭 구멍을 내기 위하여 부품의 밑면이 화면에서 전면으로 보이도록 한 다음, 스케치 화면에서 점을 표시하고 치수를 입력한다. 이때 점의 중심과 오른쪽 측면 모서리의 중심(2)을 수평으로 구속한다. **3D 모형** 탭의 **수정** 패널에서 구멍을 선택하여 M6, 드릴 깊이 20 mm, 나사부 깊이 15 mm로 탭 구멍을 모델링 한다.

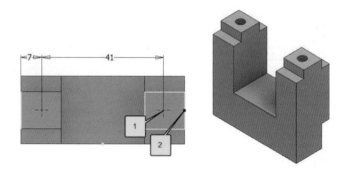

❻ C7 크기의 모따기를 하면 고정 조의 모델링이 완료된다.

3-6. 고정 나사 모델링 하기

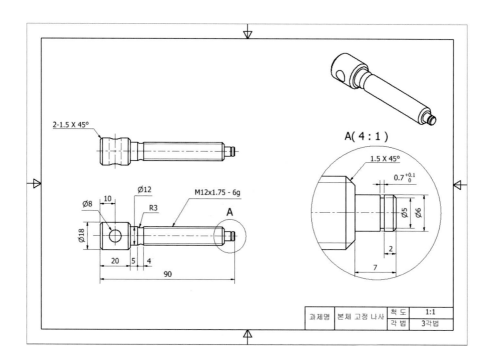

A(4 : 1)

| 과제명 | 본체 고정 나사 | 척 도 | 1:1 |
| | | 각 법 | 3각법 |

❶ 본체를 테이블에 고정하기 위한 나사를 모델링 하기 위하여 아래와 같이 스케치한다. 도면에서 A부의 홈은 E형 멈춤 링이 들어갈 자리다. E형 멈춤 링은 KS에 따르면 d1즉, 축 지름 6 mm의 경우 홈의 지름은 5 mm이고, 홈의 폭 0.7 mm이며 끝단은 최소한 1.2 mm이상 남겨야 한다. 스케치가 완료되면 모형 탭에서 회전을 시켜 기본 외형을 모델링 한다.

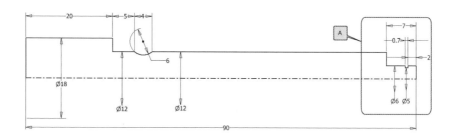

❷ 검색기에서 원점 앞의 체크 기호를 클릭한 다음 XY 평면을 선택하여 아래와 같이 왼쪽에서 10 mm 떨어진 곳에 지름 8 mm의 원을 그린다. 원의 중심과 축의 좌측 끝의 중심을 수평이 되도록 구속한다.

❸ **3D 모형** 탭에서 **돌출** 기능을 이용하여 양쪽 방향으로 **차집합**해서 잘라내면 핸들이 들어갈 구멍이 모델링 된다. 핸들이 조립될 양쪽에 C1.5 크기와 나사부 오른쪽에 C1.5, 멈춤 링의 오른쪽에 C0.5의 모따기까지 마친다.

❹ **수정** 패널의 **스레드** 기능으로 아래와 같이 **스레드**를 모델링 한다. 나사의 크기는 별도로 지정하지 않아도 이 부분의 지름이 12 mm이므로 당연히 M12의 나사가 모델링 된다. 단 나사의 유형이 ANSI로 되어있는데 수정이 필요하면 ISO로 바꾸면 된다.

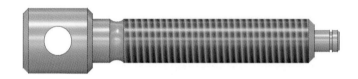

3-7. 바이스 핸들 모델링 하기

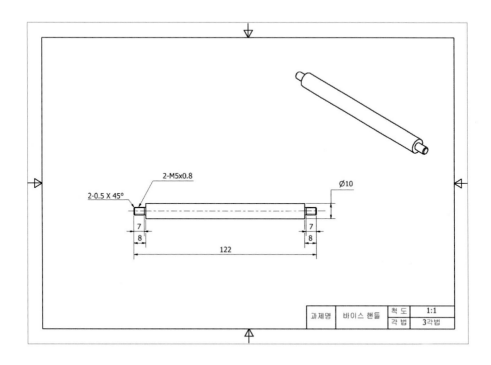

❶ 아래 그림과 같이 스케치한 다음, **3D 모형** 탭에서 **회전**을 선택하여 회전하면 이미 중심선이 그려져 있고 피쳐가 하나뿐이므로 한 번에 축이 모델링 된다.

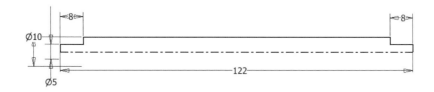

❷ 축이 모델링 되었으면 양쪽 끝단의 모따기 C0.5를 한 다음, 수정 패널의 스레드를 선택해서 스레드 대화상자에 내용을 입력한다. 스레드를 모델링 할 면⑴을 선택할 때 간격 띄우기를 할 부분⑵을 선택해야 한다. 그렇지 않고 반대쪽⑵을 선택하면 간격 띄우기가 바깥에 생성된다. 간격 띄우기⑷를 할 거리 1 mm를 입력하고 스레드의 유형과 크기⑸를 입력하고 확인을 눌러 완성하한다. 반대쪽도 같은 요령으로 완성한다.

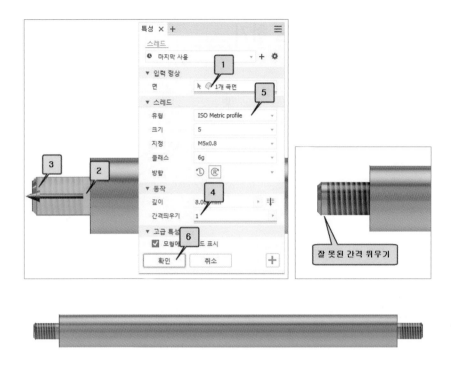

잘 못된 간격 뛰우기

3-8. 본체 고정 핸들 모델링 하기

❶ 본체 고정 핸들도 바이스 핸들의 모델링 방법과 같은 요령으로 모델링 한다.

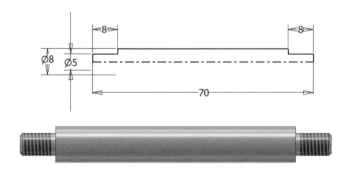

3-9. 핸들용 너트 모델링 하기

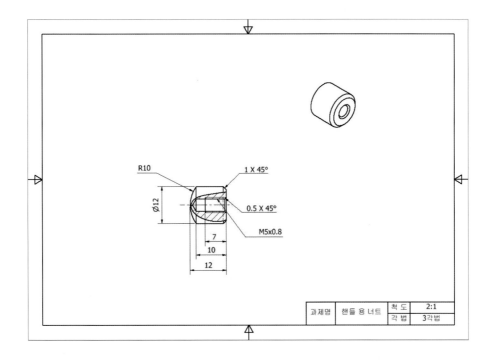

❶ 너트를 모델링 하기 위하여 아래와 같이 스케치한다. 스케치 화면의 작성 탭에서 선을 선택한다. 오른쪽 아래 모서리⑴에서 시작하여 왼쪽 아래 선의 끝⑵을 클릭한다. 마우스를 움직이지 말고 그 자리에서 다시 클릭한 채 ⑶번의 위치까지 호를 그리면서 이동한 후 마우스 버튼을 놓는다. 다시 나머지 선을 그린다. 아래쪽의 선은 중심선으로 바꾸고 치수를 입력한다.

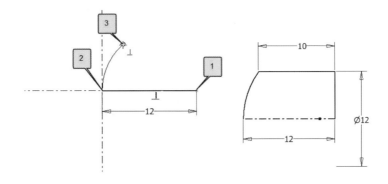

❷ **3D 모형** 탭의 **작성** 패널에서 **회전**을 선택하면 프로파일이 하나이고 회전 축인 중심
선이 그려져 있으므로 한 번에 회전 모델링이 완성된다.

오른쪽 면에 M5의 탭 구멍을 모델링 한다. 나사부 깊이 7 mm, 드릴 깊이 10 mm로
모델링 한다. 모따기 C1과 C0.5를 하면 바이스 핸들 너트의 모델링이 완성된다.

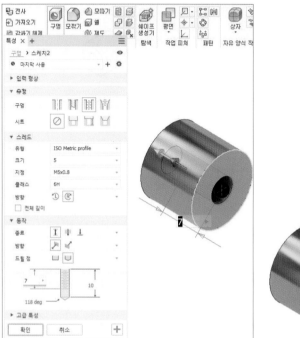

3-10. 조(JAW) 모델링 하기

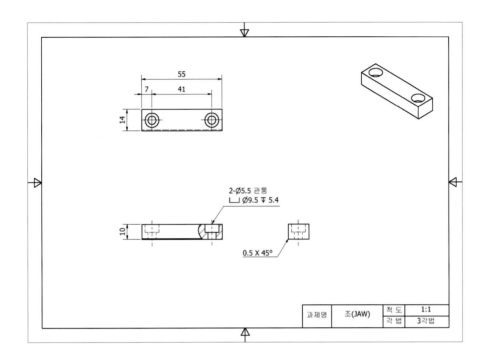

| 과제명 | 조(JAW) | 척 도 | 1:1 |
| | | 각 법 | 3각법 |

❶ 아래 그림과 같이 가로 55 mm, 세로 14 mm의 직사각형으로 그린 다음 10 mm만큼 돌출시킨다.

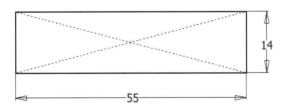

❷ 그다음 정면에 카운터 보링 될 위치 2곳에 점을 표시한 후 **수정** 탭의 **구멍** 기능을 이 용하여 M5 볼트가 들어갈 구멍이므로 KS 규격에 맞도록 드릴 구멍 5.5 mm, 엔드밀 지름 9.5 mm, 깊이 5.4 mm의 크기로 구멍을 모델링 한다. 마지막으로 뒷면 아래쪽 모서리(1)에 C0.5 크기로 모따기를 하면 모델링이 완료된다.

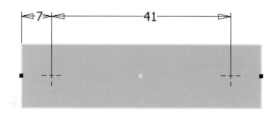

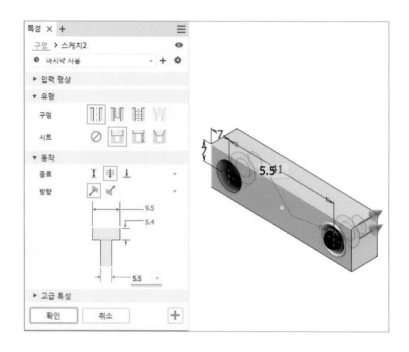

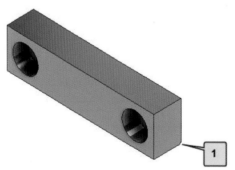

3-11. 고정 플레이트 모델링 하기

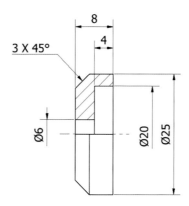

❶ 지름 25 mm 원을 그린 후 거리 8 mm로 돌출시킨다. 측면에 다시 지름 20 mm의 원을 그려서 깊이 4 mm만큼 잘라낸다.

❷ 다시 가운데 지름 6 mm 원을 그린 다음 전체를 잘라낸다.

❸ 모따기 C3을 하여 모델링을 완성한다.

이상으로 탁상용 바이스 부품이 모두 모델링 되었다.

04 조립하기

앞에서 모델링 한 부품을 모두 사용하여 아래와 같은 모양이 되도록 조립한다.

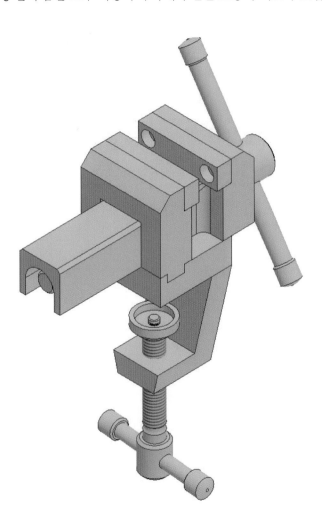

4-1. 부품 배치하기-본체

❶ 먼저 새로 만들기(1)를 클릭하여 조립품(2)을 선택한 다음 배치(3)를 누르면 배치할
부품을 선택할 **구성 요소 배치** 대화상자가 나타난다. 이 창에서 이미 모델링 한 부
품 중에 먼저 본체 파일을 선택하고 열기를 누르면 그림과 같이 본체 부품이 화면에
나타난다. 배치할 곳에서 마우스를 클릭하면 1개의 부품(4)이 배치되고 허상 같은
것(5)이 나타나는데 이는 여러 개를 배치할 경우 클릭한다. 여기서는 본체가 1개이
므로 ESC키를 누르면 1개만 배치된다.

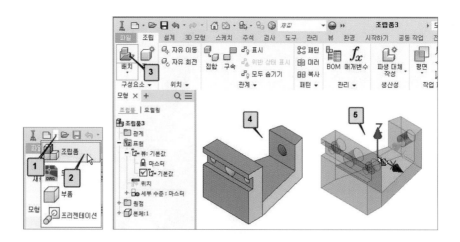

4-2. 너트 조립하기

❶ 본체에 조립할 너트를 배치한다. **조립**(1) 탭에서 **배치**(2)를 눌러 너트 파일을 열고 화
면에서 조립하기 편한 적당한 위치(3)에 배치한다.

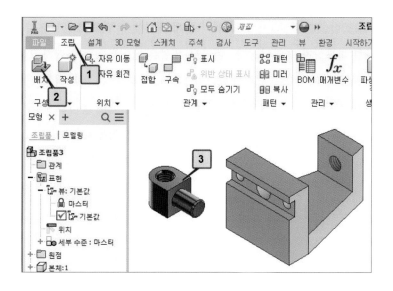

❷ 여기서 부품을 원하는 위치와 방향으로 이동 및 회전할 수 있다. 먼저 이동하고자
하는 부품(1)을 마우스 오른쪽 클릭하여 하위 메뉴 중 **자유 이동**(2)을 선택한 후 이동
하고자 하는 위치로 마우스를 끌어다 옮기면 된다. 또 자유 회전(3)을 선택하면 자유
회전 도구(4)가 나타나는데 이 도구를 이용하여 자유롭게 부품의 자세를 회전할 수
있다. 이 기능은 부품을 클릭한 다음 이동은 키보드 V를, 회전은 G키를 눌러도 같
은 기능을 하며 이동은 부품을 클릭한 상태에서 원하는 위치로 옮기는 방법이 편리
할 것이다.

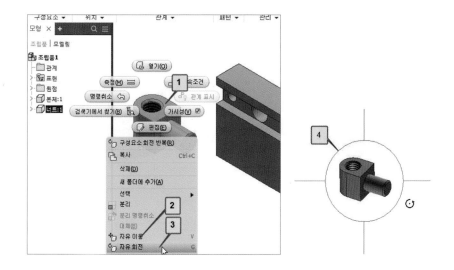

❸ 지금부터 조립을 한다. 먼저 **조립** 탭의 **관계** 패널에서 구속 조건(1)을 클릭하면 구속 조건 배치 대화상자가 나타난다. 여기서 **유형**은 메이트(2)를 선택하고 솔루션은 서로 마주 보도록 메이트(3)를 선택한다. 그다음 선택 1(4)은 너트의 축선(5)을 선택한다. 그다음 선택 2(6)는 본체의 구멍(7)을 선택한다. 선택이 올바르게 되면 "딱" 하는 소리와 함께 두 부품이 조립된다. 올바르게 되었으면 적용(8)을 누른다. 그런데 부품의 조립이 끝나지 않았다. 그림에서 너트(9)는 비뚤어져 있다. 다만 축선(10) 방향으로만 조립되었다. 심지어 부품을 잡아서 끌면(11) 회전도 되고 앞뒤로 이동도 된다. 축 방향만 구속되었기 때문이다.

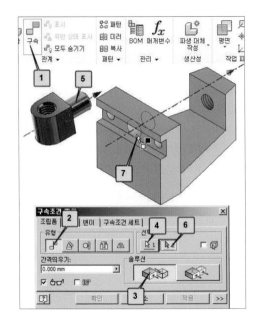

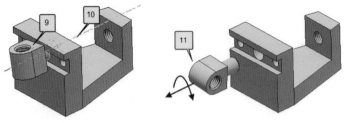

만약 조립 방향이 아래 그림(12)처럼 반대로 되었을 경우 정렬(13)을 클릭하면 올바른 방향으로 바뀐다.

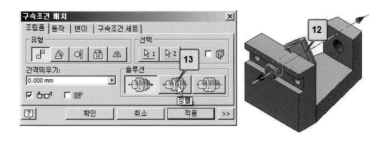

❹ 나머지 부분도 구속해 보자. **구속 조건** 도구를 선택하고 대화상자의 내용은 두 부품이 서로 마주 보도록 솔루션을 메이트(1)로 선택한다. 그림과 같이 본체의 윗부분이 보이도록 확대한 다음 본체의 윗면(2)을 클릭한다. 그다음 화면을 회전하여 너트의 아랫면(3)을 클릭하면 두 면이 구속된다.

❺ 본체의 윗면에 조립되긴 하였으나 그림에서 보듯이 자세가 바르지 않다. 다시 구속조건을 선택하고 대화상자에서 유형을 **각도**(1)로 선택한 다음 솔루션을 **지정 각도**(2)에 두고 각도(3) 값은 0°로 설정하고 너트의 측면(4)을 먼저 클릭한다. 그다음 본체의 측면(5)을 클릭하면 본체와 너트는 평행 상태, 즉 0°로 조립이 완성된다.

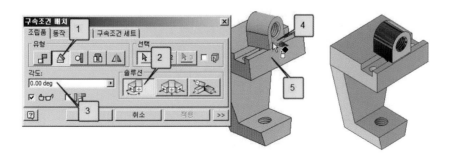

4-3. 고정 조 베이스 조립하기

❶ 고정 조를 배치한 후 조립하기 용이한 자세로 회전한 다음 **구속 조건**을 선택하고, 구속 조건 대화상자에 앞에서와 같이 유형은 메이트를 선택한다. 솔루션은 마주보 도록 **메이트**를 선택한 후 고정 조의 바닥(1)을 클릭한다. 그다음 본체의 홈(2)을 선택 하면 첫 단계 구속이 된다. 적용을 눌러 다음 구속 조건을 준비한다.

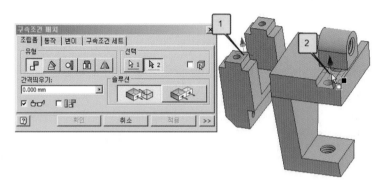

❷ 구속할 부분(1)을 크게 확대한 후 구속 조건은 **메이트**를 선택하고 조립되었을 때 서 로 마주 보게 될 면(1)과 면(2)을 클릭하여 조립한다.

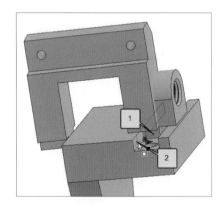

❸ 이번에는 구속 조건이 앞에서와 같으나 방향은 서로 같은 방향을 보는 **플러쉬**(1)로 조립한다. 플러쉬 될 두 개의 면(2, 3)을 클릭하면 조립이 완성된다. 확인을 눌러 종료 한다.

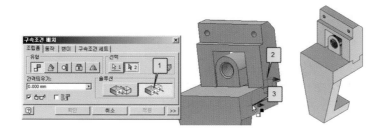

4-4. 슬라이더 조립하기

❶ 슬라이더를 배치한 다음 슬라이더의 너트의 축(1)과 슬라이드의 구멍 축(2) **메이트**로 조립하고 **적용**을 누른다.

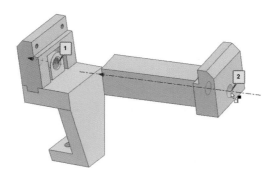

❷ 그다음 본체의 윗면(1)과 슬라이드의 아랫면(2)을 메이트로 고정한다. 한 단계가 더 남 았으나 여기까지만 구속해야 아래 그림과 같이 이동 조가 이동되는 것을 볼 수 있다.

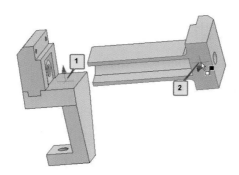

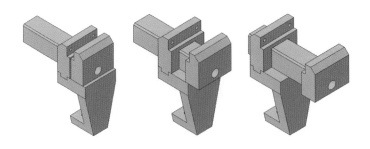

4-5. 조(JAW) 조립하기

조(JAW) 2개를 배치하고 조립하기 쉬운 자세로 위치한 다음 구속 조건에서 메이트와 플러쉬를 이용하여 조립한다. 이때 조(JAW)에 모따기 한 곳(1)이 이동 조와 고정 조의 구석(2)으로 조립되어야 한다.

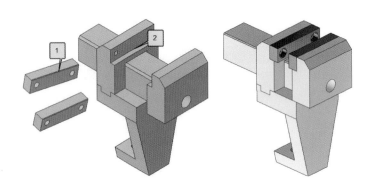

4-6. 이송 나사 조립하기

조 이송 나사를 배치해서 조립하기 쉬운 자세로 위치한 다음 대화상자에서 유형을 **삽입**(1)으로 하고 솔루션은 **반대**(2)로 하여 슬라이더의 구멍(3)과 이송 나사의 코너(2)를 클릭하고 **확인**을 누른다. 이 상태에서 핸들은 회전 방향으로 구속되지 않았기 때문에 회전한다.

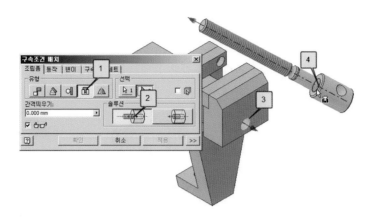

4-7. 바이스 핸들 조립하기

바이스 핸들을 배치하고 앞에서와 같은 요령으로 조립한다.

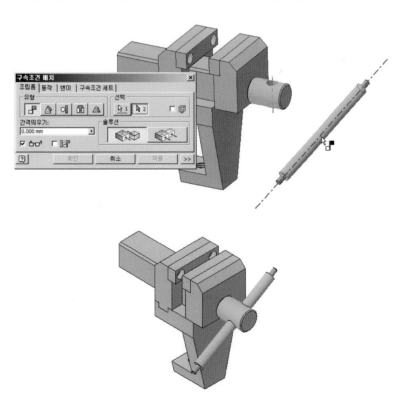

4-8. 본체 고정 나사 조립하기

본체 고정 나사를 배치하고 앞에서와 같은 요령으로 조립한다.

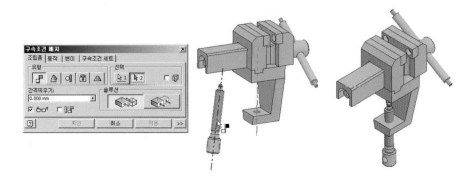

4-9. 본체 고정 핸들 조립하기

본체 고정 핸들을 배치하고 바이스 고정 볼트의 구멍에 앞에서와 같은 요령으로 조립한다.

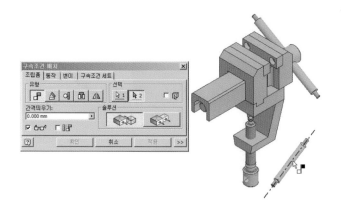

4-10. 핸들용 너트 조립하기

핸들용 너트 4개를 배치한 다음 조립의 유형은 삽입을 선택한다. 솔루션은 **반대**를
선택한 다음 나사의 안쪽(1) 원과 너트의 모따기 부분의 바깥 원(2)을 클릭하면 두 원
이 서로 마주 보도록 조립한다. **적용**을 눌러 너트 1개의 조립을 마친다. 같은 요령
으로 나머지 3개의 너트를 핸들의 끝에 조립한다.

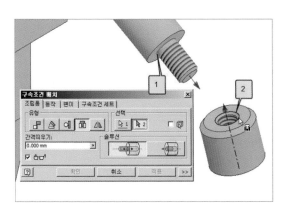
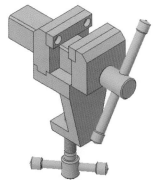

4-11. 플레이트 조립하기

플레이트를 배치한 다음 플레이트 아래쪽의 작은 구멍과 본체 고정 나사의 코너 부
분을 **삽입**으로 구속한다.

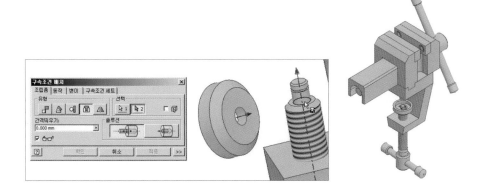

4-12. 조 고정용 볼트 조립하기

❶ 조립 탭의 구성 요소 패널에서 배치(1)를 클릭한 다음 다시 콘텐츠 센터에서 배치(2)를 클릭한다. 대화상자가 나타나면 **조임쇠** 앞의 +기호(3)를 클릭하고 다시 **볼트**(4), **소켓 머리**(5)를 선택한다. 여기서 **트리 뷰**(6)와 **테이블 뷰**(7)를 선택해야 아래의 표들을 일목요연하게 볼 수 있다. 소켓 머리 볼트의 종류가 나타나면 KS B 1003-미터(8)를 선택하고 호칭지름 5 mm, 호칭 길이 12 mm(9)를 선택한 다음 확인(10)을 누르면 조립 화면에 볼트가 배치된다. 4개를 배치한다.

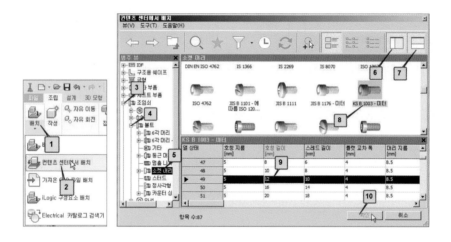

❷ 4개의 볼트가 배치되면 삽입 구속으로 볼트 머리 아래 원과 조 이빨의 카운터 보링된 곳의 드릴 구멍 입구 쪽 원(2)을 클릭하여 조립한다. 적용을 눌러가며 같은 요령으로 4개를 모두 조립한다.

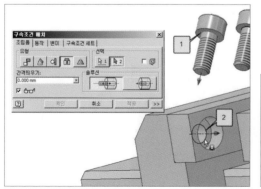 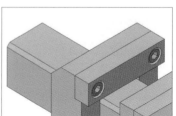

❸ 같은 요령으로 고정 조 베이스와 본체를 M6, 길이 20의 볼트로 조립한다.

4-13. 멈춤 링 조립하기

❶ 본체 고정 나사의 끝에 플레이트가 빠져나오지 않도록 하기 위하여 홈(1)에 멈춤 링
을 조립해야 하는데 플레이트(2)에 가려서 조립이 쉽지 않다. 그래서 우선 플레이트
가 보이지 않도록 피쳐를 억제시킨다. 플레이트(2)를 마우스 오른쪽 클릭하여 하위
의 억제(3)를 클릭하면 그림(4)과 같이 피쳐가 억제된다. 검색기 창에서 억제된 피쳐
에 마우스를 갖다 대면 검색기 창에 빨간 네모(5)로 표시되고 조립품에는 피쳐가 있
던 자리가 표시(6)된다. 다시 보이게 하려면 억제된 피쳐(5)를 마우스 오른쪽 클릭하
여 하위 메뉴에 체크된 **억제**를 클릭하면 억제가 해제되어 피쳐를 볼 수 있다.

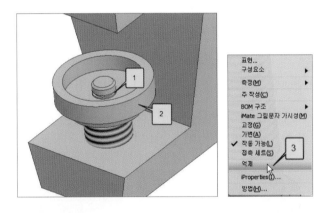

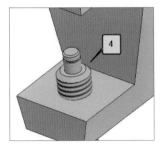
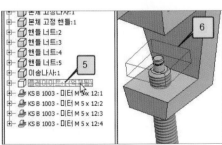

❷ 이번에도 볼트와 마찬가지로 콘텐츠 센터에서 배치를 한다. 샤프트 부품(1)에서 써클립(2)을 선택하고 다시 외부(3)를 선택한다. 써클립의 종류(4)를 선택한 다음 샤프트 지름 6 mm와 그루브 지름 5 mm를 선택하고 확인을 누른다.

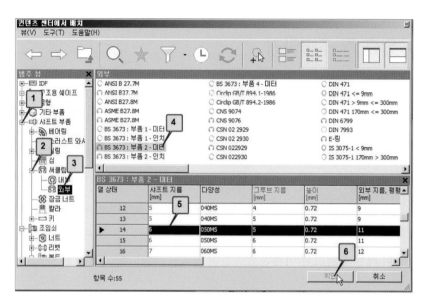

❸ 조립하기 쉬운 자세로 바꾼 다음 크게 확대하여 멈춤 링의 안쪽 면(1)과 멈춤 링이 들어갈 홈의 면(2)을 클릭하여 조립한다. 그다음 멈춤 링의 아래쪽 면(3)과 축에 있는 홈의 측면(4)을 메이트로 조립하면 조립이 끝난다. 멈춤 링의 조립이 끝났으므로 플레이트의 피처 억제를 해제한다. 이것으로 바이스의 조립은 모두 끝난다.

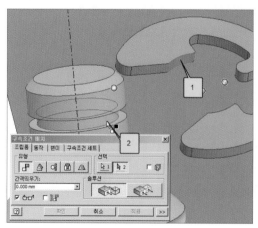
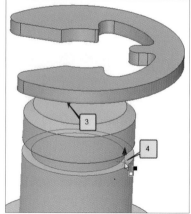

❹ 아래 그림은 조립이 완전히 끝난 상태의 모양이며 오른쪽 그림은 **뷰**(1) 탭에서 조명 스타일(2)을 선택한 다음 **일반 공간**(3)으로 변경한 것으로서 좀 더 사실적으로 보인다.

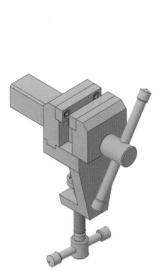
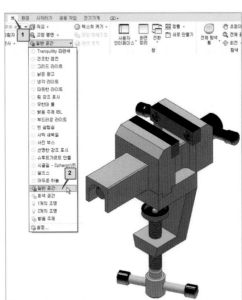

05 도면 작성하기

5-1. 스타일 편집하기

도면 스타일은 사용자마다 다를 수 있으므로 도면 창이 열리면 도면의 스타일을 설정해 주어야 한다. 스타일 편집기는 읽기 전용이라고 되어 있는데, 이것은 작업이 끝나고 프로그램을 종료하면 편집한 스타일은 저장되지 않는다는 것이다. 그래서 프로그램을 실행할 때마다 다시 설정해 주어야 한다. 따라서 모든 스타일이 설정된 템플릿 파일을 만들어 두고 사용하면 편리할 것이다.

❶ **새로 만들기**(1)에서 **도면**(2)을 선택한다.

❷ **기본 표준**(ISO) 스타일 정하기
- **일반**

    먼저, **관리**(1) 탭에서 **스타일 편집기**(2)를 선택하여 스타일 및 표준 편집기 대화상자를 연다. **기본 표준**(ISO)(3)을 선택한 다음 **일반**(4) 탭에서 십진 표식기(5)를 마침표로 바꾸어야 소수점이 쉼표가 아닌 마침표로 표시된다.

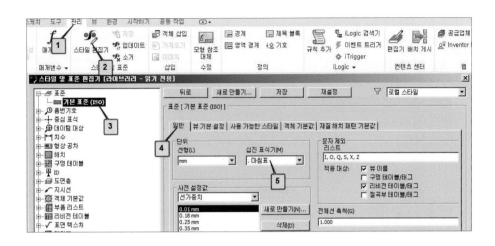

- **뷰 기본 설정**

  뷰 기본 설정(1)을 선택한 다음 **투영 유형**을 **삼각법**(2)으로 선택해야 한다. 우리나라는 기본적으로 **삼각법**을 사용한다. **저장**(3)을 눌러 뷰 기본 설정을 마친다.

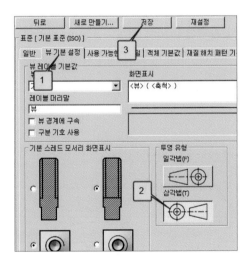

❸ **치수-기본값** (ISO) 설정하기

- **단위**

  치수 아래의 **기본값**(ISO)(1)을 선택한 다음 **단위**(2)는 **밀리미터**, **십진 표식기**는 **마침표**(3), **정밀도**(4)는 2.12로 한다. 0으로 하면 소수점 이하 자리가 표시되지 않는다. **각도**는 **도-분-초**(5)로 설정한다. **화면 표시**에서 **후행**(6)에 체크를 해제한다. 체크가 되어 있으면 "80"은 "80.00"의 방식으로 표시된다. 그리고 **선행**에 체크를 하지 않으면 "0.95"는 ".95"는 방식으로 표시된다. **각도 화면 표시**에도 **후행**(7)에 체크를 해제하고 **저장**(8)을 누른다.

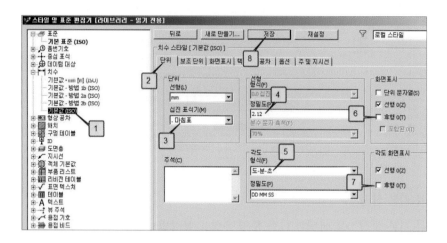

• **화면 표시**

화면 표시(1)탭에서 치수선 너머로 연장(2) 3 mm, 외형선과 치수 보조선의 간격인 원점 간격 띄우기(3)는 0.5 mm, 문자와 치수선의 간격(4) 0.5 mm, 치수선과 치수선의 간격(5) 8 mm, 외형선과 첫 번째 치수선의 간격인 부품 간격 띄우기는 10 mm로 설정한다.

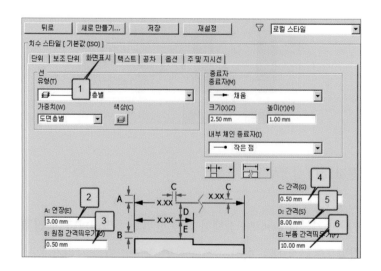

- **텍스트**

  텍스트(1) 탭에서 공차 문자의 크기(2)는 2.5 mm로 설정한다.

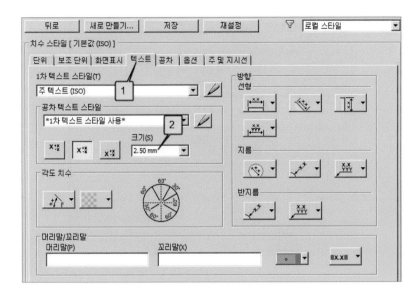

- **공차**

  공차(1) 탭에서 역시 **후행**(2)을 표시하지 않기로 하며, 공차 **표시 옵션**은 후행에 0과
  마이너스 기호(3)도 없도록 설정한다.

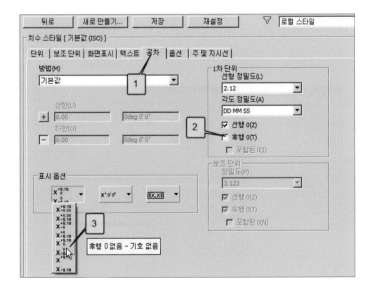

- **주 및 지시선**
- **주 및 지시선**(1) 탭에서 지시선 텍스트 방향은 **수평**(2)으로 설정한 다음 저장한다.

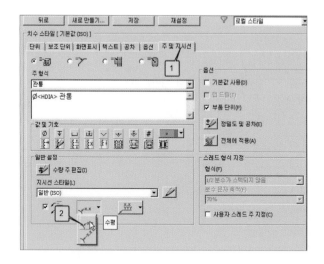

❹ 표면 텍스처

표면 거칠기 기호를 표시하는 표면 텍스처(1)는 기본적으로 ISO 1302 - 2002(2)가 표준 참조되어 있어서 삼각형 기호 위(3)에 Ra값을 기입할 수 없다. 따라서 Ra값을 입력하기 위해서는 표준 참조를 ISO 1302 - 1978(4)이나 ASME - 1996, 또는 JIS - 1994로 설정을 변경해야 한다. 변경이 완료되면 저장(6)을 누른다.

저장을 하여도 인벤터 프로그램을 종료한 후 다시 실행하면 또 설정을 변경해 주어야 한다.

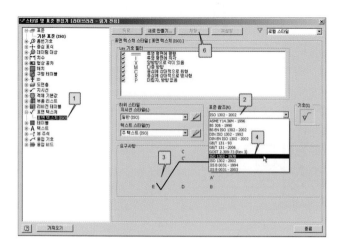

5-2. 도면 작성하기

앞에서 모델링 한 바이스의 부품 중에서 본체를 도면으로 작성하기로 한다.

❶ 먼저 도면 파일을 열어야 한다. **뷰 배치**(1) 탭에서 **기준**(2)을 선택한 다음 파일을 선택(3)한다. 모델링 한 부품 파일이 열려 있다면 도면 창에 곧바로 나타난다. **스타일**은 은선(4)이 보이도록 하고 축척(5)은 1 : 1로 한다. 뷰 큐브(6)에서 정면도를 기준 도면으로 설정한다.

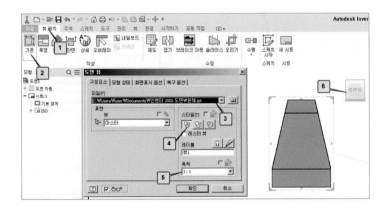

❷ 확인을 누르면 정면도가 배치된다. 다음, **투영**(1)을 선택한 후 마우스 포인트를 정면도(2)로 옮기면 정면도 뷰에 빨간 태두리 점선이 보인다. 이 상태에서 클릭하여 오른쪽으로 이동한 후, 적당한 위치에서 클릭(3)한 다음 다시 마우스 오른쪽 클릭하여 **작성**(4)을 누른다.

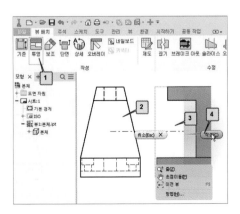

❸ 같은 요령으로 나머지 투상도 모두 배치한다. 아래 그림은 정면도(1)를 기준 도면으로 하여 우측면도(2), 평면도(3), 등각투상도(4)가 배치된 모양이다.

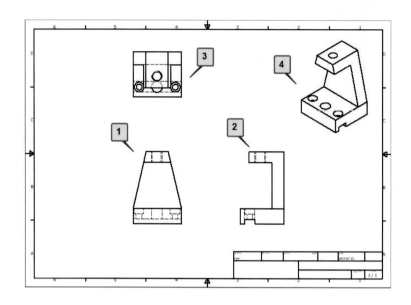

❹ 단면도 작성하기

우측면도를 단면으로 처리해 보자. **뷰 배치** 탭에서 **단면**(1)을 선택한 후 단면으로 그릴 대상(2)을 선택하면 빨간 테두리 점선이 생긴다. 이곳에서 마우스 포인트를 움직여 보면 정면도의 위쪽 선 중앙이 파란색 포인트(3)로 변한다. 여기서 다시 마우스 포인트를 위로 조금 이동하면 점선과 함께 포인트(4)가 보인다. 이곳(5)에서 클릭하고 다시 선을 아래로 끌어 아래쪽(6)에서 다시 클릭한다. 오른쪽으로 이동하여 마우스 오른쪽을 클릭하면 계속(7)이 표시된다. 계속을 클릭하면 단면도 대화상자(8)가 나타나는데 단면도에는 가급적 은선을 표시하지 않으므로 은선 제거(9)가 선택되어 있다. 바꿀 내용이 없으면 우측(10)에서 클릭하면 오른쪽에 단면도(11)가 생성된다.

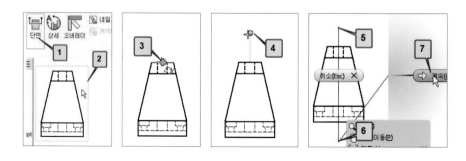

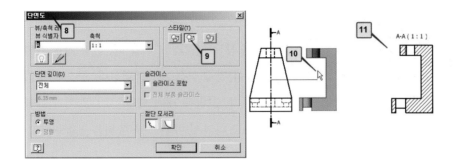

기존에 있던 우측면도는 사용하지 않을 것이므로 우측면도를 선택하여 키보드의 Del키를 눌러서 삭제한다. 여기서 주의할 점은, 모든 도면은 기준이 되는 도면(여기서는 정면도)에 의해서 작성되었다. 따라서 기준 도면을 삭제하면 여기에 종속된 나머지 도면이 모두 삭제되므로 주의해야 한다.

❺ 중심선 넣기

마우스를 이용하여 도면의 뷰를 적당한 위치에 배치한 다음 **주석** 탭을 선택하여 중심선 등 부족한 선들과 치수, 그리고 각종 기호들을 입력한다.

주석 탭의 기호 패널에서 **중심선 이등분**(1)을 선택하여 중심선을 입력할 왼쪽의 선(2)과 오른쪽의 선(3)을 클릭하면 중심선이 생성된다. 생성된 중심선은 중심선 이등분(1)이 비활성화 상태가 되도록 키보드의 Esc키를 누른 다음 중심선의 끝을 잡고 위(4) 또는 아래로 끌어서 길이를 맞출 수 있다. 원의 중심 표시는 **중심 표식**(5)을 선택하여 원(6)을 클릭하면 중심이 표시된다.

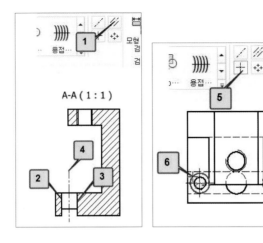

❻ 피처 패턴에 대한 중심선 넣기

아래와 같은 도형에서 구멍을 따라 중심선을 그리고자 할 때, 먼저 기호 패널에서 **중심 패턴**(1)을 선택하여 패턴의 중심이 될 중심선(2)을 클릭한다. 중심선이 없으면 중심이 될 원의 바깥 선(2-1)을 클릭한다. 그다음 패턴 도형(3, 4, 5)을 차례로 클릭한 후 적당한 거리만큼 밖(6)으로 선을 끌고 나와서 마우스 우측 버튼을 클릭하고 작성 (7)을 누르면 패턴에 대한 중심선이 그려진다.

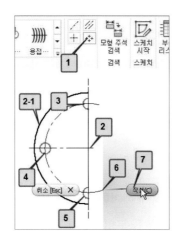
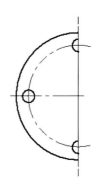

❼ 데이텀 식별자 기호 넣기

주석 탭의 **기호** 패널에서 기호의 종류(1)를 클릭한 후 **데이텀 식별자 기호**(2)를 선택한다. 데이텀이 표시될 위치(3)에서 클릭한 다음 지시선(4)과 데이텀 식별자 기호가 표시될 위치(5)에서 클릭하면 텍스트 형식 대화상자가 나타난다. 편집할 내용이 없으면 확인을 누르면 데이텀 식별자 기호(6)가 입력된다. 데이텀 기호를 끌어서 다른 곳으로 이동할 수도 있다.

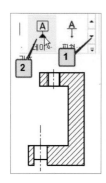
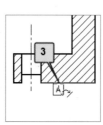
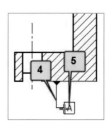
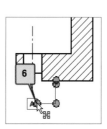

⑧ 형상공차 표시하기

주석 탭의 **기호** 패널에서 **형상 공차**(1)를 선택한다. 형상 공차가 표시될 선(2)에서 클릭하고 지시선을 끌어서 적당한 곳(3)에서 마우스 오른쪽 클릭하고 **계속**(4)을 누른다. 형상 공차 대화상자에 **기호**(5), **공차**(6), **데이텀**(7)을 입력하면 그림(8)과 같이 표시된다. 바르게 입력이 되었으면 **확인**(9)을 누르면 완료된다.

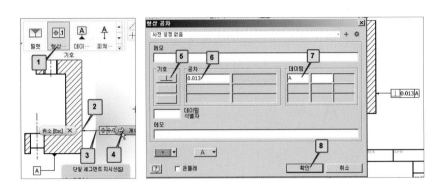

⑨ 표면 텍스처 기호 입력하기

기호 패널에서 **곡면**(1)을 선택한 다음 표면 텍스처 기호를 표시할 위치(2)에서 클릭한다. 지시선을 위쪽(3)으로 옮겨서 마우스 오른쪽 클릭하고 **계속**(4)을 누른다. 표면 텍스처 대화상자에 필요한 기호와 조건들(5~8)을 입력하고 **확인**(9)을 누른다.

그런데 여기서 2015버전까지는 표면 거칠기 표준 참조를 ISO 1302-1978을 기본으로 사용하였으나 2016버전에서는 ISO 1302-2002를 참조하므로 기호 위(10)에 거칠기 값 Ra를 입력할 수 없다. 그래서 스타일 편집기에서 표면 텍스처의 표준 참조를 ISO 1302-1978로 변경해야 Ra값을 입력할 수 있다.

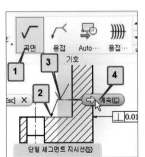
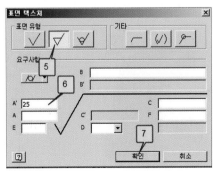
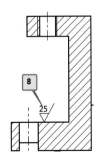

⑪ 구멍 및 스레드 치수 기입하기

주석 탭의 **피처 주** 패널에서 **구멍 및 스레드**⑴를 선택한 다음 기입하고자 하는 구멍이나 스레드의 중심⑵을 클릭하고 지시선을 끌어서 치수를 기입할 곳⑶에서 다시 클릭하면 모델링 할 때의 크기가 적용되어 기입된다.

그런데 점선으로 된 곳⑷에 치수를 기입하면 지시선이 중심에 위치하지 않는다. 따라서 이 경우에는 실선으로 처리하여야 중심⑸에 지시선이 붙는다. 그리고 가능하면 점선으로 처리된 부분은 치수를 기입하지 않도록 한다. 부분 단면 처리된 곳은 다음 장의 브레이크 아웃 기능에서 설명한다.

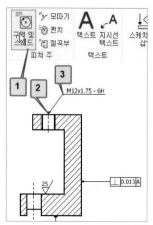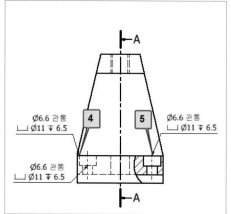

⑫ 도면 작성 도중에 부품 수정하여 도면에 적용하기 앞서 모델링 한 부품 중 본체에 모따기를 추가하여 수정한다.

부품을 수정하기 위하여 본체.ipt 파일을 연 다음, 오른쪽 위⑴에 C3 크기로 모따기를 한다. 이와 같이 부품을 수정하면 도면에 즉시 반영된다.

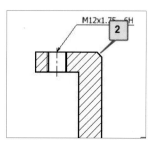

⓭ **주석** 탭의 **피처 주** 패널에서 **모따기**(1)를 선택해서 먼저 모따기 할 모서리(2)를 클릭하고, 그다음 그 옆의 모서리(3)를 클릭한다. 지시선(4)을 적당한 곳까지 끌어서 클릭하면 모따기 값이 입력된다.

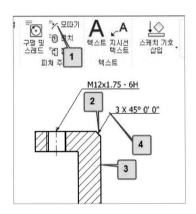

⓮ 나머지 필요한 치수를 입력하고 아래와 같이 도면을 완성한다.

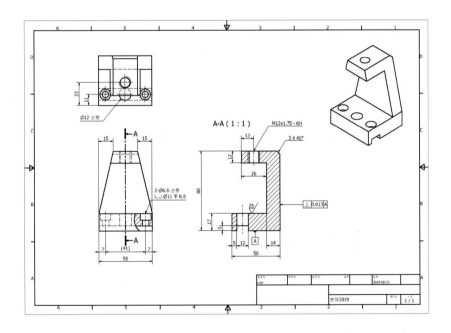

06 도면 수정하기

6-1. 브레이크 아웃 뷰 작성하기

❶ **뷰 배치** 탭의 **스케치** 패널에 있는 **스케치 시작**(1)을 클릭한다. 마우스 포인트를 투영 영역으로 접근하면 빨간 사각형(3)이 나타나는데 이곳을 클릭하여 현재의 투영에 스케치할 것을 인식시킨다. **스케치** 탭의 **작성** 패널에서 **스플라인**(또는 **직사각형**)(4)으로 브레이크 아웃 할 영역(5)을 둘러싼 다음 **스케치 마무리**를 한다. 이때 영역 안에 중심선이나 치수, 중심선 또는 기호 등이 기입되어 있으면 안 된다.

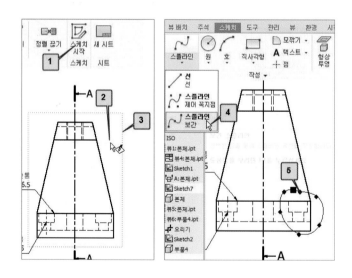

❷ **뷰 배치** 탭의 **수정** 패널에서 **브레이크 아웃**을 선택한다. 그다음 브레이크 아웃 할 투상(2)을 클릭하면 대화상자(3)가 나타나며 스케치한 선이 파란색(4)으로 표시된다. 브레이크 아웃 깊이(5)를 정면도의 외형선(6)을 클릭하고 깊이 값(7)을 입력하거나 우측면도의 구멍의 중앙(8)을 클릭한 후 확인(9)을 누르면 브레이크 아웃 도형(10)이 완성된다.

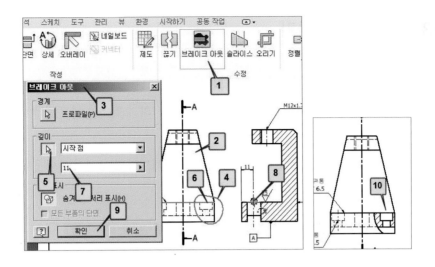

6-2. 브레이크 아웃된 뷰의 등각 투영하기

❶ 투영시킬 뷰(1)를 클릭하고 뷰 배치 탭의 작성 패널에서 투영(2)을 선택한 다음, 투영된 뷰를 위치할 곳에서 클릭하면 뷰(3)가 나타난다. 이때 마우스를 오른쪽으로 약간 이동한 후 오른쪽 버튼을 눌러 작성(4)을 누르면 브레이크 아웃된 투상도를 작성할 수 있다. 기존의 등각투상도(5)는 삭제한다.

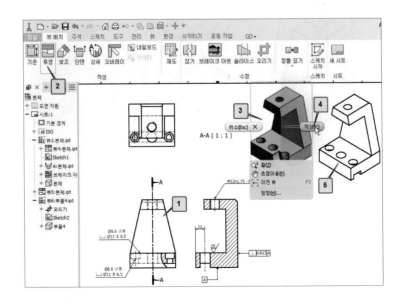

6-3. 도면 뷰 설정하기

❶ 투상도 뷰를 더블클릭하면 도면 뷰 대화상자가 나타난다. 스타일을 **은선 추가**(1), **은선 제거**(2), **음영 처리**(3)를 할 수 있고 기준으로부터의 축척(4)의 체크를 해제하면 축척을 변경할 수 있다.

화면 표시 옵션(5)을 선택한 다음 해칭에 체크를 해제하면 브레이크 아웃된 절단면에 헤칭선이 보이지 않게 된다.

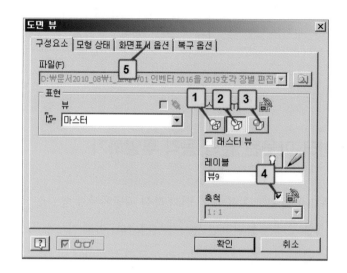

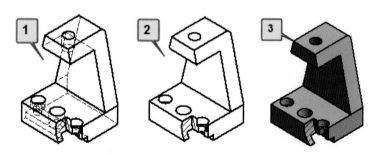

❷ 해칭선(1)을 더블클릭해서 **해치 패턴 편집** 대화상자의 내용 중 패턴, 각도, **축척**(2) 등을 변경할 수도 있다.

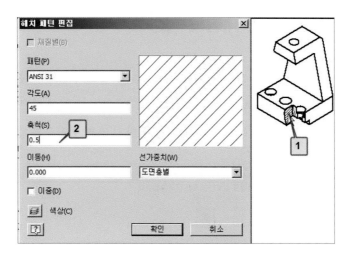

6-4. 상세 뷰 설정하기

❶ 뷰 배치 탭에서 **상세 뷰**(1)를 선택한 다음 해당 뷰(2)를 클릭하면 상세 뷰 대화상자가 나타난다.

대화상자에 **뷰 식별자**(3)와 **축척**(4)을 입력한다. **울타리**는 원(5)으로 하고 **절단부 쉐이퍼는 곡선**(6)으로 설정하며, **전체 상세 경계 화면 표시**(7)에 체크한다. 그다음 도면에서 상세도를 작성할 부분의 중심(8)에서 클릭한 후 원의 바깥쪽(9)에서 클릭하면 상세도를 표현할 부분의 크기가 정해지는데 이때 마우스를 도면의 적당한 곳에서 클릭하면 그 위치에 상세도(10)가 완성된다. 뷰 식별자(11)는 마우스로 끌어서 이동할 수 있다.

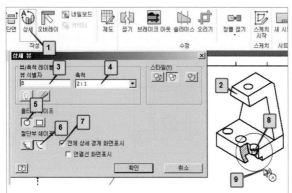

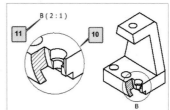

6-5. 오리기를 이용한 대칭도 작성하기

❶ 도면에 그림과 같이 중심선(1)이나 치수(2) 등이 기입되어 있으면 오리기가 제대로
되지 않는 문제(3)가 발생하기 때문에 오리기 작업을 하기 전에 반드시 도면에서 기
호나 치수 등은 모두 삭제하고 오리기 작업 후 다시 기호나 치수를 입력해야 한다.

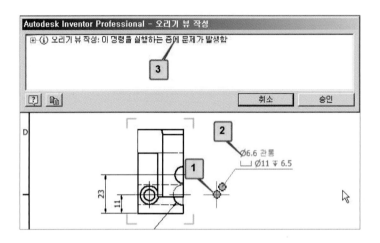

❷ 오리기는 오려서 버리는 것이 아니라 오린 것을 사용한다.

뷰 배치 탭의 **수정** 패널에서 **오리기**(1)를 선택한 다음 오리기 작업을 할 뷰(2)를 클릭
한다. 마우스를 선의 중심에 갖다 대면 녹색 점(3)이 생기는데 이때 마우스를 다시
위로 옮기면 노란색 점(4)이 생긴다. 노란색 점에서 클릭한 다음, 오리기 작업을 할
영역인 왼쪽 아래(5)에서 다시 클릭하면 오리기가 완료된다. 마지막으로 대칭 기호
(6)와 중심선 그리고 치수 등을 수정하여 마무리한다.

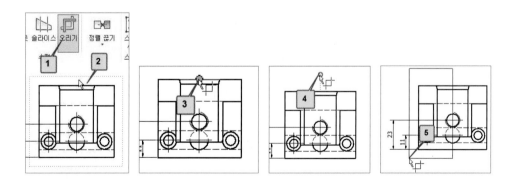

❸ 잘라낸 부분의 오른쪽 선을 마우스 오른쪽 클릭해서 가시성(4)의 체크를 제거하면 오른쪽의 선이 보이지 않게 된다. (여기서 중심선이나 치수 등은 기호로 인식하므로 기호가 있으면 이들의 가시성은 없어지지 않는다. 따라서 이들을 먼저 삭제한 후 작업을 마치고 다시 입력하도록 한다.)

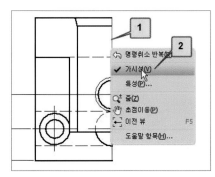 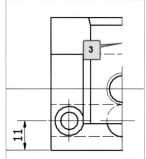

❹ 중심선을 다시 스케치한다. 먼저 해당 뷰(1)를 클릭한 다음 **스케치 시작**(2)을 선택한다. 스케치 탭의 **작성** 패널에서 **형상 투영**을 선택한 다음 위의 선(3)과 아래 선(4)을 클릭하면 선의 색깔이 파란색으로 변한다. 이때 **작성** 패널의 **선**을 선택하여 선(5)을 그리는데 위의 선(3)과 아래의 선(4)이 형상 투영되어 있으므로 정확하게 선의 끝부분에 일치하도록 선을 그린 다음 **스케치 마무리**한다. 스케치 마무리를 하지 않고 다른 선을 그리면 동일한 그룹으로 인식하여 수정을 할 경우 다른 선도 같은 내용으로 수정된다.

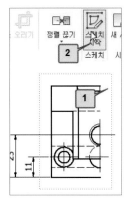 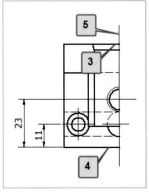

❺ 다시 해당 뷰를 클릭하여 위(1), 아래(2)에 대칭 기호를 그려 넣고 스케치 마무리를 한다. 가운데 선(3)을 마우스 오른쪽 클릭하여 특성(4)을 선택한 다음 선의 종류를 체인(5)으로 선택하고 확인을 누른다. 대칭 기호(6)는 선의 특성을 선 가중치 0.5 mm(7)로 선택하고 확인을 눌러 수정을 마무리한다.

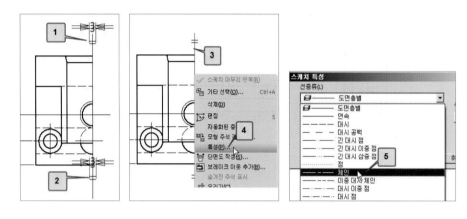

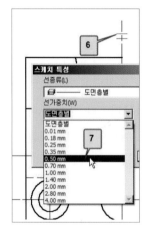

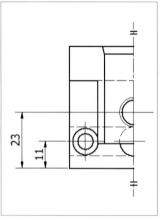

6-6. 제목 블록에 내용 입력하기

❶ 제목 블록의 내용을 편집하기 위해서는 검색기 창에서 파일 이름인 본체(1)를 마우스 오른쪽 클릭한 다음 iProperties(2)를 클릭하면 **본체** iProperties 대화상자가 나타난다.

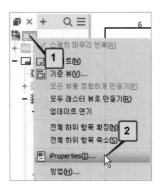

❷ 대화상자에서 **요약**(1)을 눌러 **제목, 작성자, 회사**의 란에 입력하면 그림과 같이 표제란에 내용이 입력된다.

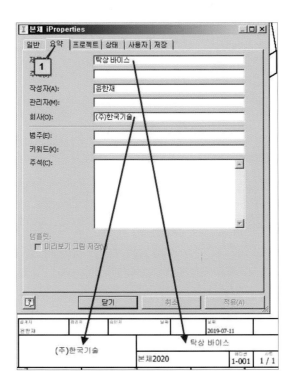

❸ 프로젝트⑴탭에서 **부품 번호, 리비전 번호, 설계자, 작성 날짜** 등을 입력한다.

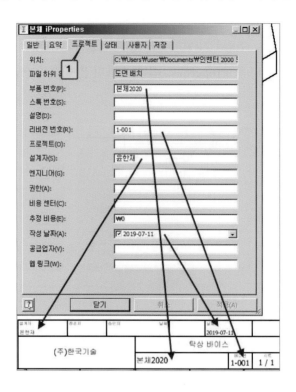

❹ **상태**(1) 탭에서 점검자, 엔지니어링 승인자 등을 입력하면 표제란에 그림과 같이 입력된다.

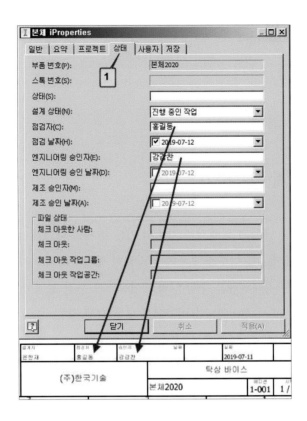

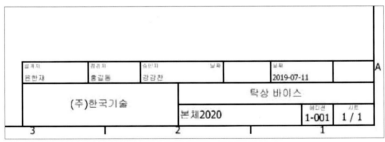

07 새 도면 경계 만들어 삽입하기

7-1. 기본 경계 삭제하기

❶ 새 도면 경계를 만들기 위해서는 기존의 기본 경계를 삭제해야 한다. 먼저 검색기 창에서 **기본 경계**(1)를 마우스 오른쪽 클릭하여 **삭제**(2)를 클릭하면 기본 경계선(3)이 삭제된다. 기본 경계선에는 수평 영역 레이블(4)과 수직 영역 레이블(5)이 각각 숫자와 알파벳으로 표시되어 있는데 이것들도 모두 삭제된다.

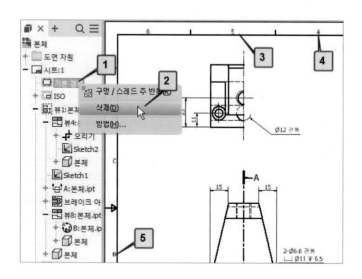

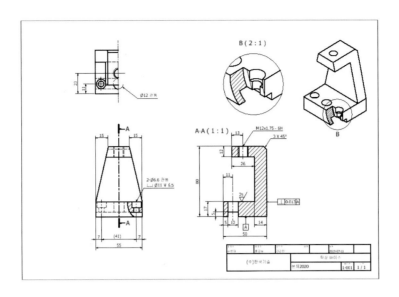

7-2. 기본 경계 삽입하기

❶ 검색기 창에서 **도면 자원** 아래의 **경계**에 있는 **기본 경계**(1)를 마우스 오른쪽 클릭한 후
도면 경계 삽입(2)을 클릭하면 **기본 도면 경계 매개변수** 대화상자가 뜬다. 여기에서 영
역의 수는 도면을 가로로 6구역으로 나누고 세로로 4구역으로 나누며 나눈 칸에는 가각
숫자(3)와 알파벳(4)으로 표시하겠다는 것이다. **확인**을 누르면 새 경계가 만들어진다.
영역과 레이블을 표시하면 "C5 구역" 하는 식으로 지도를 보듯 편하게 도면 요소의
위치를 알 수 있다.

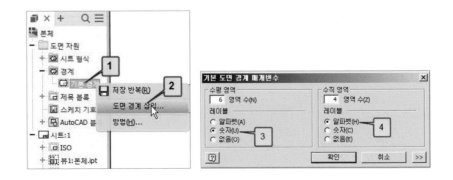

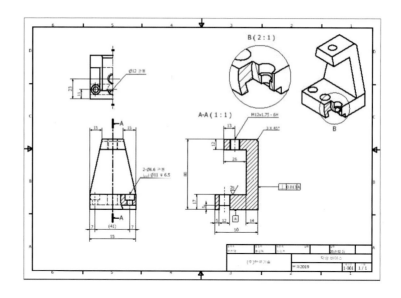

❷ 수평과 수직에 영역을 2개만 하고 레이블 **없음**을 선택하면 아무런 문자나 숫자도 표시되지 않고 도면의 중심을 표시하는 화살표(1)만 표시된다.

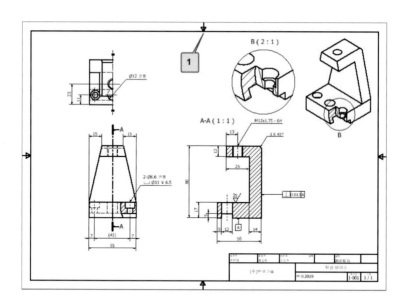

7-3. 새 도면 경계 만들어 삽입하기

❶ 기존의 형식을 사용하지 않고 전혀 새로운 도면 경계를 만든다. 먼저 새 경계를 만들려면 기존의 **기본 경계**(1)는 **삭제**(2)를 해야 한다. 그다음 검색기 창에서 경계(3)를 마우스 오른쪽 클릭하여 새 경계 정의(4)를 선택하면 스케치 화면이 뜬다.

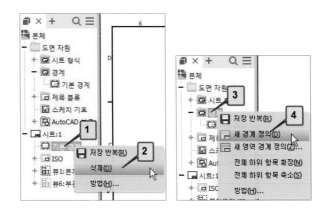

❷ 스케치 화면에 새로운 경계(1)를 그린 다음 치수(2)를 입력하고 스케치 마무리(3) 누르면 경계 대화상자가 뜬다. 여기에 이름을 "홍길동의 새 경계" 등으로 입력하고 저장을 누르면 검색기 창에 "홍길동의 새 경계"(4)가 나타난다. 삽입을 클릭하면 새로 만든 경계가 삽입된다.

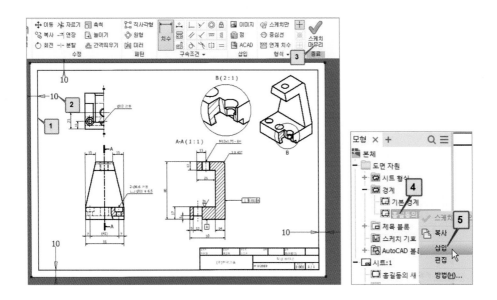

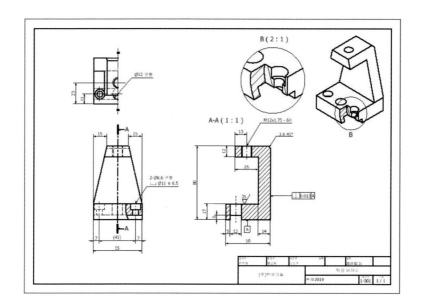

B (2 : 1)

A-A (1 : 1)

M12x1.75 - 6H

3 X 45°

Ø12 관통

2-Ø6.6 관통
⌴ Ø11 ∀ 6.5

0.013 A

B

새 제목 블록 만들어 삽입하기

8-1. 제목 블록 삭제하기

❶ 새 제목 블록을 만들기 위해서는 기존의 제목 블록을 먼저 삭제해야 한다. 검색기 창에서 **시트 : 1** 아래에 있는 **ISO**(1)를 마우스 오른쪽 클릭하여 **삭제**(2)를 누르면 제목블록(3)이 오른쪽(4) 그림과 같이 삭제된다.

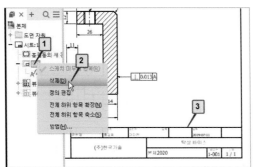
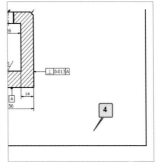

8-2. 제목 블록 만들기

❶ 검색기 창의 **도면 자원**(1) 아래에 있는 **제목 블록**(2)을 마우스 오른쪽 클릭하여 **새 제 목 블록 정의**(3)를 클릭하면 스케치 화면이 나타난다.

화면의 적당한 곳에서 새로운 제목 블록을 스케치한다. 제목 블록은 아무 곳에나 스케치하여도 응용 프로그램 옵션의 도면 탭에서 제목 블록의 삽입 위치가 설정된 곳에 위치하게 되므로 어디에서 그려도 상관없다. 제목 블록이 완성되면 **스케치 마무리**를 눌러 제목 블록의 이름(4)을 정한 다음 **저장**한다.

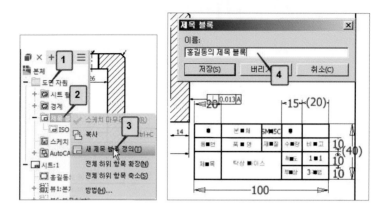

8-3. 새 제목 블록 삽입하기

❶ 검색기 창에서 방금 만든 새 제목 블록인 **"홍길동의 제목 블록"**(1)을 마우스 오른쪽 클릭하여 **삽입**(2)을 누르면 새로운 제목 블록(3)이 삽입된다.

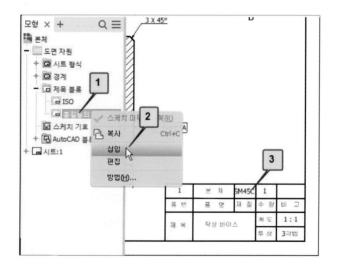

❷ 이상의 방법으로 작성한 완성된 도면이다.

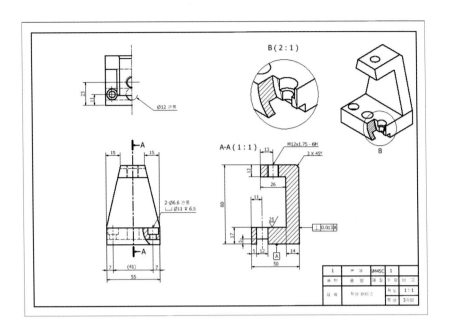

9-1. 도면 출력하기

❶ 인쇄(1)를 눌러 출력한다. 여기서 모형(2)을 선택했을 경우, A3로 도면을 작성하고 프린터기에 A3 용지가 들어 있으면 1 : 1로 출력된다. 그러나 만약 A4용지가 들어있다면 도면의 일부가 잘리므로 도면의 크기와 프린터에 들어 있는 용지의 크기를 맞추어야 한다. 최적 맞춤(3)은 프린터기에 장착된 용지대로 출력되며, 사용자(4)에 체크하고 배율을 0.3으로 입력하여 출력하면 A3의 0.3배로 출력된다. 그리고 현재 창(5)을 선택하여 출력하면 현재 화면에 보이는 대로 출력된다. **특성**(6)을 클릭하면 기타 다른 특성을 설정할 수 있다. 용지의 변경은 **용지/품질**(7) 탭에 있는 **용지 옵션**(8) 중에서 선택하고 **확인**(9)한다. 그리고 다시 도면 인쇄 대화상자의 확인(10)을 누르면 출력된다.

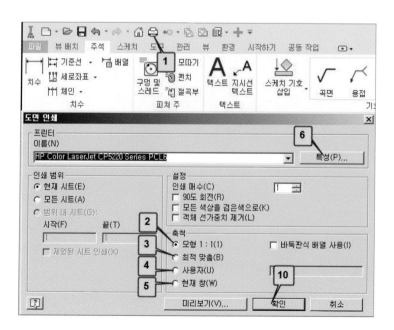

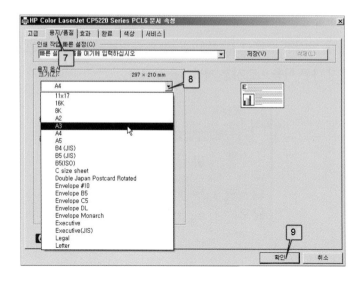

9-2. 인벤터에서 작성한 도면을 AutoCAD 파일로 변환해서 편집하기

도면(1)에 등각 투영과 상세부, 브레이크아웃 뷰를 포함한 모든 뷰들을 배치한다.

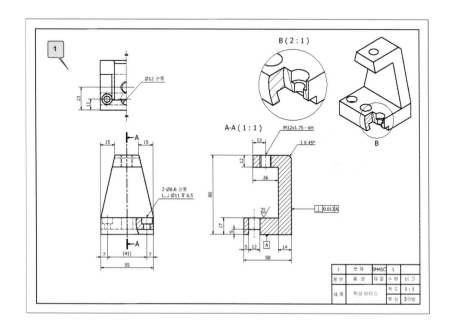

❶ 인벤터에서 작성한 파일을 AutoCAD파일로 저장하기 전에 먼저 인벤터 파일(*.idw)을 저장한다. 그다음 응용 프로그램 메뉴(1)를 클릭해서 **다른 이름으로 저장**(2)을 선택하고 다시 **다른 이름으로 사본 저장**(3)을 누른다.

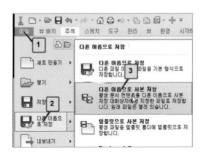

❷ 파일 이름(4)을 정한 다음 AutoCAD DWG 파일(5)을 선택하고 **옵션**(6)을 클릭한다.

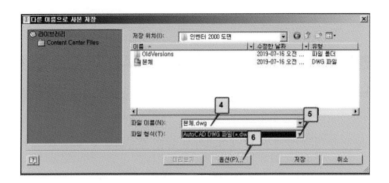

❸ 파일 버전(7)을 정하고 다음(8)을 클릭한다.

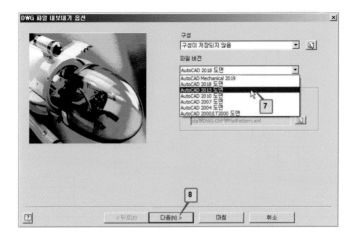

❹ **내보내기 대상**에서 모형 형상만(9)에 체크를 하면 단면 뷰 등이 보이지 않게 된다. 체크하지 않으면 단면 뷰와 기본 경계와 제목 블록 등도 함께 저장된다. 위에서 작성한 도면은 정면도에 해당하는 단면 뷰가 있으므로 체크하지 않도록 하고 **마침**(10) 누르면 **다른 이름으로 사본 저장 화면**으로 다시 돌아간다. 여기서 저장을 누르면 AutoCAD 파일로 저장된다.

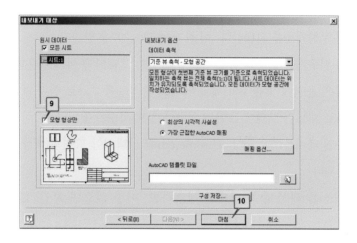

❺ AutoCAD 프로그램을 실행한 후 방금 저장한 "본체.dwg" 파일을 열어서 편집할 수 있다.

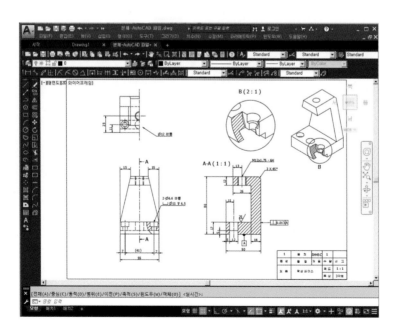

9-3. AutoCAD에서 도면 출력하기

❶ 플롯을 선택하여 대화상자에서 프린터(1)를 선택한다. 프린터는 내가 하고 싶은 것이 아니라 현재 설치되어 있는 프린터를 선택해야 한다. 만약 프린터가 설치되지 않았을 경우 프린터용 프로그램이라도 설치되어 있어야 미리 보기를 할 수 있다.

용지 크기(2) A3을 선택한다.

플롯 영역은 한계(3)를 선택한다. 이 한계는 420x297을 말한다.

플롯 간격 띄우기는 플롯의 중심(4)을 선택한다. 그래야 종이의 가운데 인쇄된다.

플롯 축척은 용지에 맞춤(5)의 체크를 빼고 축척(6)을 1 : 1로 한다. 1 : 1로 출력하여 도면을 자로 재보면 도면에 표현된 치수와 실제 치수가 같다.

플롯 스타일 테이블(7)은 **monochrome.ctb**를 선택해야 도면의 색상들이 모두 흑백으로 출력된다.

미리 보기(8)를 해서 출력 상태를 점검하고, 이상 없으면 확인(9)을 눌러 출력을 한다.

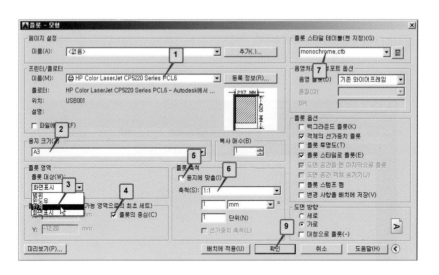

❷ 아래 그림은 출력된 도면이다.

인벤터 프로그램에서도 Auto CAD에서 사용되는 거의 모든 편집기능을 제공하므로 프로그램 사용방법을 익혀서 인벤터에서 모델링하고 도면 출력까지 마치는 것이 바람직하다.

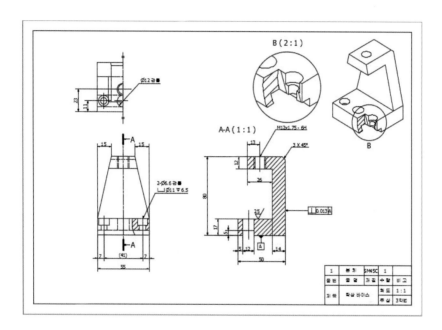

10 축 모델링을 통한 도면 작성 및 주석 기입하기

키 홈, 나사의 릴리프 홈, 멈춤 링 홈, 베어링 조립부 구석 R, 센티 홈 등이 있는 축을 모델링하고 도면을 작성하는 과정에서 이 요소들의 KS규격 적용 방법을 이해하도록 한다.

10-1. 모델링 하기

먼저 아래 그림과 같이 스케치한다. 왼쪽에 M16 나사가 있다. 나사부의 릴리프 홈은 KS규격에 홈의 폭이 3 mm이고 지름은 13 mm, 구석의 R은 1 mm다. 그리고 오른쪽의 멈춤 링이 들어갈 곳은 축의 지름이 20 mm이므로 KS규격에 축의 끝단은 최소 1.5 mm 이상이고, 홈의 폭은 1.35 mm, 지름은 19 mm다. 깊은 홈 볼베어링 6205는 KS규격에 안지름이 25 mm이다. 이상의 내용을 바탕으로 스케치하여 회전을 시켜 아래와 같이 모델링 한다.

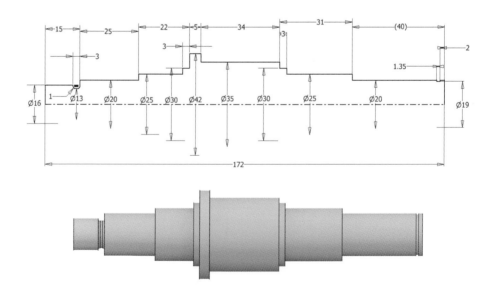

❶ 검색기 창에서 원점 앞의 ∨(1)기호를 눌러 XY 평면(2)을 마우스 오른쪽 클릭하고 **새 스케치**(3)를 선택하여 축의 가운데 평면에 스케치할 준비를 한다.

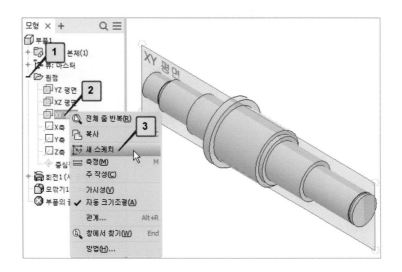

❷ 축의 지름 20 mm에 적용되는 반달 키는 KS규격에서 b×d0=4×16이고 홈의 깊이 t1 은 5 mm이다. 따라서 축의 끝단에서 20 mm 떨어진 곳에 그림과 같이 스케치한다.

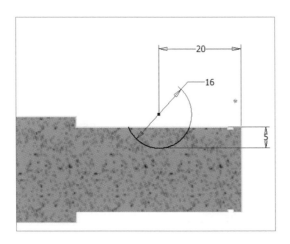

❸ **모형** 탭의 **작성** 패널에서 **돌출**을 선택한 다음 대화상자에서 KS규격에 따라 **거리**(1) 4를 입력한다. **대칭**(2)으로 **잘라내기**(3)를 선택하고 **확인**을 누르면 반달 키 홈의 모 델링이 완성된다.

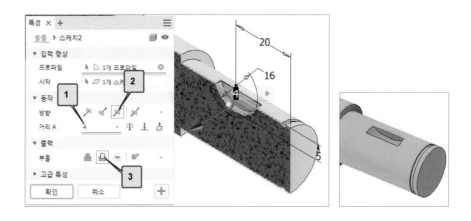

❹ 축의 왼쪽에 평행키의 홈을 모델링 하기 위해서는 원통 면의 표면에 접하는 부분에
작업 평면을 설정하여 스케치해야 한다.

먼저 홈의 안쪽 단면(1)을 클릭한 다음 **스케치 작성**(2)을 누른다.

스케치 화면에서 키보드의 F7키를 눌러 그래픽 슬라이스 상태에서 절단 모서리를
투영하여 절단면이 보이도록 한다.

작성 패널에서 **점**(3)을 선택하고 앞서 반달키 홈을 모델링한 면과 동일한 방향에 점
(4)을 표시한다. 점을 축의 중심(5)과 수직으로 구속한 후 스케치 마무리한다.

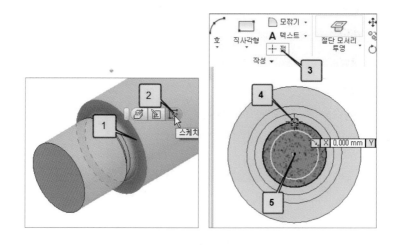

❺ **작업 피쳐** 패널에서 **평면**(1)을 클릭하여 **점을 통과하여 곡면에 접함**(2)을 선택한 다
음 앞서 표시해 둔 점(3)을 클릭한다. 작업 평면이 만들어지면 검색기 창의 **작업 평
면**(4)을 마우스 오른쪽 클릭하여 **새 스케치**(5)를 선택한다.

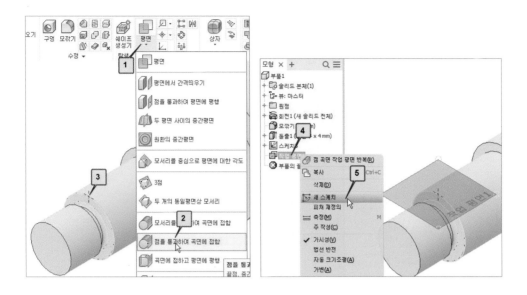

❻ KS규격에 따르면 지름 20에 적용되는 키는 b×h=6×6이고 홈의 깊이는 3.5 mm이므로 이를 적용하여 치수를 결정한다. **스케치** 탭의 작성 **패널**에서 **슬롯**(1)을 클릭한다음, **슬롯 전체**(2)를 선택하여 치수를 입력하고 슬롯의 중심(3)과 축의 중심(4)을 수평으로 구속한다. 치수 입력이 끝나면 **3D 모형** 탭에서 돌출을 선택한 다음 차집합으로 3.5 mm만큼 잘라내면 키 홈의 모델링이 완성된다.

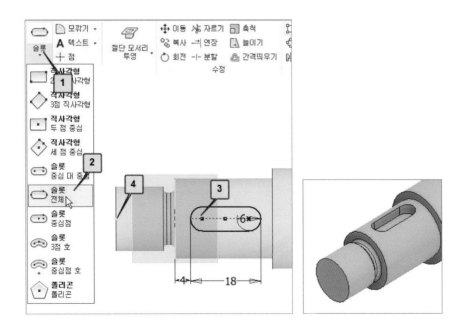

❼ 위 방법이 아닌 다른 방법으로 키 홈을 모델링 해 보기로 한다.

먼저 XY 평면에 **새 스케치**(1)를 선택하여 스케치 화면을 띄운 다음 그림(2)과 같이 스케치하고 치수를 입력한다. 돌출을 이용하여 양쪽 대칭(3)으로 잘라낸 다음, 모깎기(4) 를 하면 모델링이 완성된다. 이 방법이 더 쉬울 수 있다.

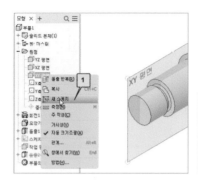
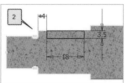

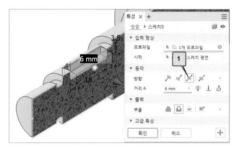

❽ 나사 부위의 모따기와 스레드를 모델링 하면 축의 모델링이 완성된다.

좀 더 사실감 있게 표현하기 위해 재질을 연마된 강철로 렌더링하였다.

10-2. 축 도면 작성하기

❶ 우선 3각법에 맞도록 기준 뷰인 정면도(1)와 평면도(2) 그리고 등각투영(3)을 그림과 같이 배치한다.

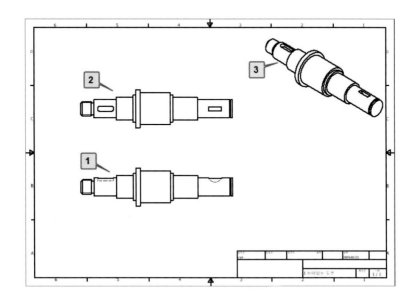

❷ 정면도를 선택한 후 오른쪽 반달 키 부분에 스플라인 선(1)을 그린다. 그다음 **뷰 배치** 탭의 **수정** 패널에서 **브레이크 아웃**을 선택한 후 브레이크 아웃 뷰를 작성할 뷰(1)를 선택한다. 대화상자에서 깊이를 축의 중심(2)까지 지정하고 확인(3) 버튼이 활성화되면 클릭하여 브레이크 아웃 뷰(4)를 작성한다.

왼쪽의 평행키가 있는 부분(5)도 같은 방법으로 브레이크 아웃 뷰를 작성한다.

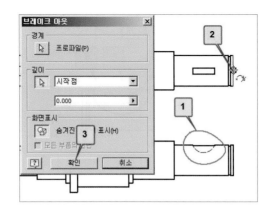

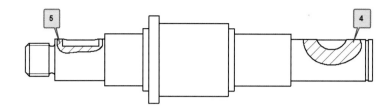

❸ 축의 외형선(1)과 키 홈의 단면 윗부분 선(2)이 서로 일치하지 않는다. 키 홈을 단면 처리하면 실제로 그림과 같이 보이지만 일반적으로 아주 큰 도형이 아니면 두 선은 일치되도록 그린다. 따라서 일치하지 않는 선(2)을 마우스 오른쪽 클릭하여 가시성 (3)을 없애면 선(4)이 보이지 않는다.

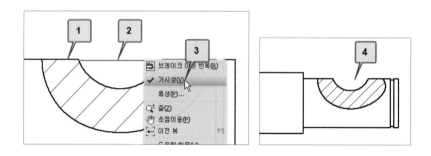

❹ 다시 선을 그리기 위하여 정면도 뷰를 클릭한 다음 **뷰 배치** 탭의 **스케치** 패널에 있는 **스케치 시작**을 선택한다. 그다음 형상 투영(3)을 선택한 다음 두 선(4, 5)을 차례대로 클릭하면 두 선은 형상이 투영된다. 다시 작성 탭의 선을 선택하여 투영된 선의 끝과 끝을 이어주는 선(6)을 그린 후 스케치 마무리하면 가는 선(7)이 그려진다.

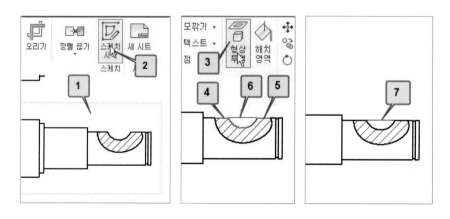

❺ 선의 특성을 바꾸기 위하여 선(1)을 마우스 오른쪽 클릭한 다음 메뉴 중 **특성**(2)을 선
택하고 다시 스케치 특성 대화상자에서 선 가중치(3)를 0.5 mm를 선택한 다음 확인
을 누르면 선의 굵기가 0.5 mm(5) 선으로 바뀐다. 왼쪽의 평행키 홈도 같은 요령으
로 수정한다.

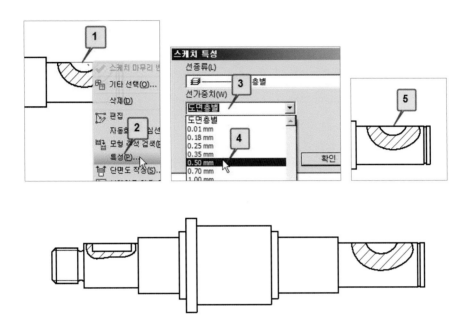

❻ 평면도에는 키 홈만 나타내면 되므로 키 홈만 남기고 모든 선의 가시성을 제거한다.
마우스를 오른쪽 아래(1)에서 클릭한 상태로 왼쪽 위(2)까지 드래그한 다음, 다시 마
우스 오른쪽 클릭하여 가시성(3)을 제거하면 선이 보이지 않게(4) 된다. 두 개의 키
홈(5, 6)만 남기고 모두 제거한다.

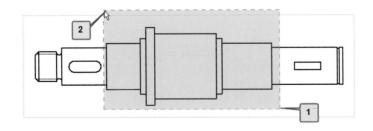

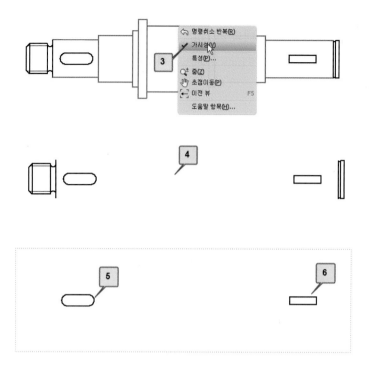

⑦ 전체를 한꺼번에 선택하는 방법도 있다. 먼저 뷰 영역을 클릭해서 바깥의 점선(1)이 보이는 것을 확인 한 다음, 마우스 포인트를 왼쪽 위(2)에서 오른쪽 아래(3)까지 최소한의 박스를 만들어 부품을 에워싸면 선택된 선들은 모두 초록색으로 변한다. 그다음 제외하고자 하는 선만 Ctrl키를 누른 상태에서 박스(4)를 만든다. 오른쪽의 키 홈(5)도 Ctrl키를 누른 채 박스를 만들면 키 부분은 선이 검은색으로 바뀐다. 선들의 선택이 끝나면 초록색 선 근처에서 마우스 오른쪽 클릭하여 나타나는 가시성(6)을 클릭하면 키 홈만 제외하고 모두 보이지 않게 된다.

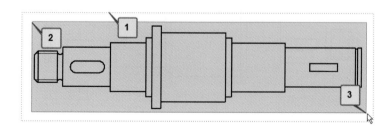

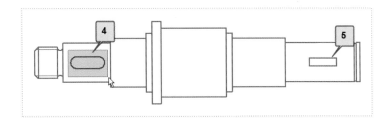

⑧ 숨겨진 선들을 다시 표시하려면 해당 뷰를 클릭한 다음 마우스 오른쪽 클릭 후 **숨겨진 모서리 표시**(1)를 선택하면 숨겨진 선들이 빨간 선으로 표시되고 가는 사선(2)이 마우스 포인트를 따라다닌다. 이때 다시 마우스 오른쪽 클릭하여 전체 표시(3)를 선택하면 모든 선이 다시 표시된다.

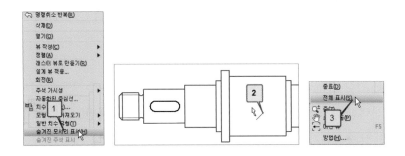

⑨ 축에 적용되는 각종 치수, 공차, 기하공차, 표면 거칠기 기호 등을 편집한다.

회전에 의하여 모델링된 부품의 치수 기입은 지름 치수 전체를 표시할 수 있는 선(1)을 클릭하여 치수를 기입할 위치(2)에서 마우스 포인트를 놓으면 ∅ 기호와 함께 지름 치수가 기입된다. Esc키를 몇 번 눌러 **주석** 탭의 **치수** 패널에 있는 **치수** 도구를 비활성화 상태가 된 것을 확인한 다음 입력된 치수(3, 4)를 마우스로 옮기면 원하는 위치로 이동시킬 수도 있다.

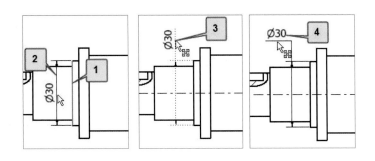

⑩ 반달 키 부분의 치수를 기입하기 전에 도면을 일부 수정해야 한다. 먼저 정면도의 뷰 영역(1)을 클릭하고 **스케치 작성**(2)을 선택한 후 활성화된 **형상 투영**(3)을 클릭하여 형상 투영할 선(4)을 선택하면 원의 중심에 노란 점(5)이 생성된다. **스케치** 탭의 **그리기** 패널에서 **원**을 선택한 다음 그릴 원의 중심(6)을 클릭하고 형상 투영시킨 원의 끝점(7)을 다시 클릭하면 동일한 크기의 원이 그려진다. 스케치 마무리를 한다.

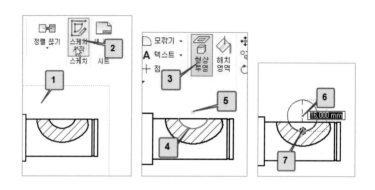

⑪ 이 원은 가상선(이점 쇄선)으로 나타내야 하므로 원(1)을 마우스 오른쪽 클릭해서 **특성**(2)을 선택한 다음 **스케치 특성** 대화상자에서 **이중 대시 체인**(3)을 선택하고 **확인**을 누르면 선의 종류가 바뀐다. 스케치 마무리를 눌러 종료한다.

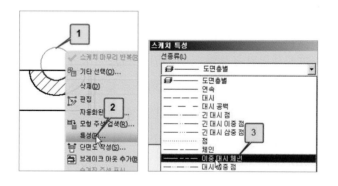

⑫ 다시 **주석** 탭에서 **기호** 패널의 **중심 표식**을 선택하고 방금 그린 원을 클릭하면 중심이 표시된다. 나머지 필요한 치수들을 모두 입력한다.

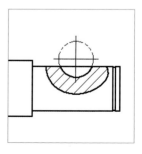

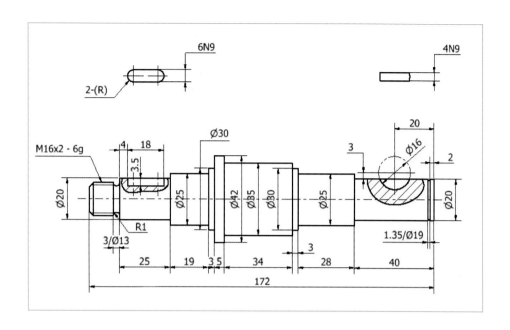

⓭ 정면도의 키 홈 위치에 중심선 표시하기

정면도의 키 홈에 중심선을 그리기 위하여 먼저 정면도 뷰(1)를 클릭한다. 다음, **주석** 탭의 **스케치** 패널에서 **스케치 시작**을 누른다. 이어서 키 홈의 왼쪽 선(2)을 **형상투영**시킨 다음 선(3)을 그려서 치수(4)를 입력한다. 같은 방법으로 오른쪽 선도 그린 다음 **스케치 마무리**를 누른다.

다시 그려진 선(5)을 마우스 오른쪽 클릭하여 특성(6)을 선택한 다음 **스케치 특성**에서 선을 **체인**(7)으로 바꾸면 중심선(8)이 완성된다.

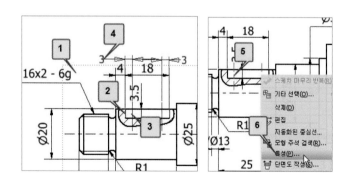

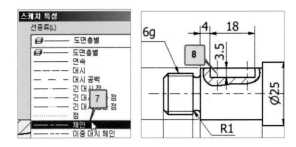

⓮ 멈춤 링 부분의 치수를 입력 및 수정하기 위하여 우선 두 지점(1, 2)의 치수를 입력한다. 치수를 수정하기 위하여 치수를 더블클릭하면 **치수 편집** 대화상자가 나타난다. 텍스트(3) 탭에서 커서를 치수 앞(4)으로 이동한 다음 지름 기호(5)를 클릭하여 입력한다.

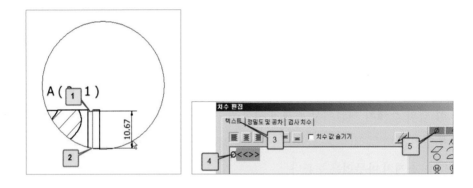

⓯ 정밀도 및 공차(6) 탭에서 화면에 표시된 값 재지정(7)에 체크를 한 다음 재지정할 치수 19(8)를 입력한다. 공차는 편차(9)를 선택하고 공차 값(10)을 입력한 다음 확인(11)을 누르면 변경된 치수(12)가 입력된다.

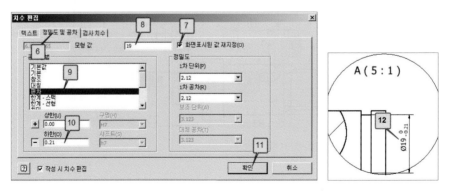

⓰ 치수 보조선과 화살표를 수정하기 위하여 마우스 포인트를 치수 보조선 위치(1)로 옮긴 후 마우스 오른쪽 클릭하여 **치수 보조선 숨기기**(2)를 클릭하면 치수 보조선(3)이 보이지 않는다.

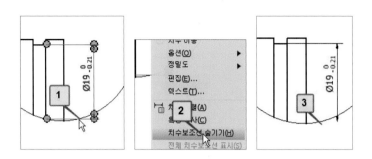

⓱ 화살촉을 보이지 않게 하려면 마우스 포인트를 화살표 근처로 옮기면 화살촉 모양(1)이 나타난다. 이때 마우스 오른쪽 클릭하여 **두 번째 화살촉 편집**(2)을 선택한 후 화살촉 변경 대화상자에서 **없음**(3)을 선택하고 체크를 누르면 화살촉이 보이지 않도록 변경된다. 입력된 치수(5)를 마우스로 클릭한 상태로 끌면 치수의 위치를 변경할 수도 있다.

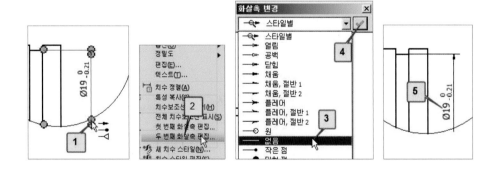

⓲ 평면도에서 키 홈의 부분도 확대하여 보면 그림과 같이 선이 곡선(1)으로 보인다. 이 부분도 가시성을 제거하여 직선으로 바꾼 다음 치수를 입력한다. 치수 편집 창에서 공차를 입력한다. KS 규격집에는 키 홈은 N9 공차를 적용하므로 대화상자의 정밀도 및 공차(2) 탭에서 해당 값(3, 4, 5)을 입력하고 확인(6)을 누르면 치수가 입력된다.

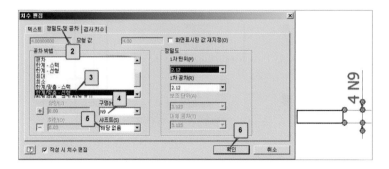

10-3. 스케치 기호 만들기 및 삽입, 수정하기

❶ 사용자가 자주 사용하는 특정한 기호를 직접 만든 후 저장해 두었다가 필요할 경우 기호를 불러서 삽입할 수 있다.

주석(1) 탭의 기호 패널에서 스케치 기호 삽입(2)을 클릭한 다음 새 기호 정의(3)를 선택한다. 스케치 탭의 작성 패널에서 선과 텍스트를 이용하여 기호(4)를 그린 다음 스케치를 마무리하고 스케치된 기호의 이름(5)을 정한다.

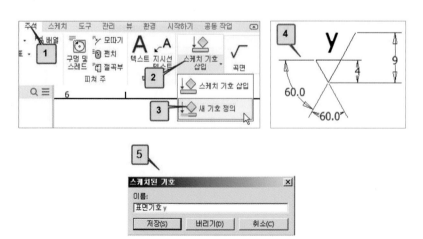

❷ 새 기호 정의(1), 스케치 기호의 삽입(2)을 클릭하여 만들어 둔 스케치 기호들(3) 중에 선택하고 축척과 회전 각도 등 필요한 부분을 변경한 다음 확인을 누른다. 그러면 기호가 마우스 포인트를 따라다니는데 이때 원하는 위치에서 클릭하면 기호(4)가 삽입된다. 반복해서 삽입할 수 있다.

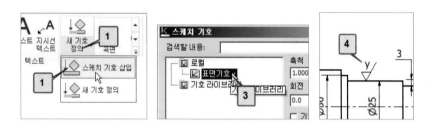

❸ 만들어 둔 기호를 다시 편집하려면 삽입된 기호(1)를 마우스 오른쪽 클릭하여 정의 편집(2)을 선택하면 스케치 화면으로 돌아간다. 원하는 모양으로 편집한 후 스케치 마무리를 하고 저장을 하면 수정이 완료된다.

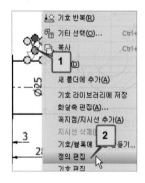

10-4. 치수 및 공차 스타일 변경하기

❶ 예를 들어 그림과 같이 치수(1)를 소수 아래 3자리까지 입력하고자 한다면 다른 치수 스타일이 필요하다. 스타일 변경은 관리 탭에서 스타일 편집기(2)를 선택해서 기본값-방법 1b(3)를 선택하여 내용(4)을 변경하고 저장한다. 그런 다음 스타일을 바꾸고자 하는 치수(5)를 클릭한 후 원하는 스타일(6)을 선택하면 된다.

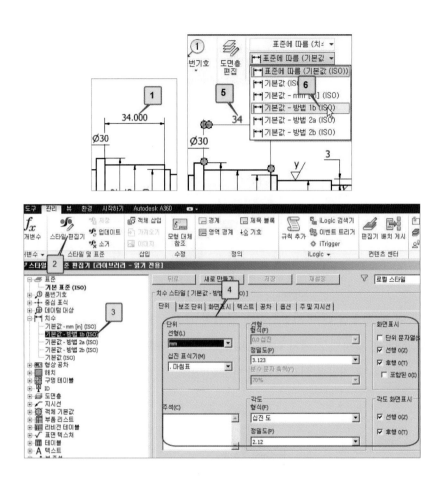

❷ 나머지 필요한 치수와 표면 거칠기 기호, 치수 공차, 형상 공차, 센터 표시 등을 모두
기입하면 도면 작성이 완료된다.

10-5. 축 도면 작성과 주석 기입하기

❶ IT 공차 등급과 공차 치수

아래 표는 KS B 0401에 규정된 IT 공차 등급과 값이다.

01~4급 게이지류의 치수 공차, 5~10급 끼워 맞춤이 필요한 치수 공차, 11~16급 끼워 맞
춤이 필요치 않은 치수 공차이다. 기하공차는 주로 IT 5급을 주로 적용한다. 예를 들어
아래 표를 적용하면 치수가 70 mm라고 한다면 13 μm, 즉 공차 값은 0.013 mm가 된다.

기준 치수 (mm)		IT 등급												
		1	2	3	4	5	6	7	8	9	10	11	12	13
초과	이하	공차(μm)											공차(mm)	
	3	0.8	1.2	2	3	4	6	10	14	25	40	60	0.10	0.14
3	6	1	1.5	2.5	4	5	8	12	18	30	48	75	0.12	0.18
6	10	1	1.5	2.5	4	6	9	15	22	36	58	90	0.15	0.22
10	18	1.2	2	3	5	8	11	18	27	43	70	110	0.18	0.27
18	30	1.5	2.5	4	6	9	13	21	33	52	84	130	0.21	0.33
30	50	1.5	2.5	4	7	11	16	25	39	62	100	160	0.25	0.39
50	80	2	3	5	8	13	19	30	46	74	120	190	0.30	0.46
80	120	2.5	4	6	10	15	22	35	54	87	140	220	0.35	0.54
120	180	3.5	5	8	12	18	25	40	63	100	160	250	0.40	0.63
180	250	4.5	7	10	14	20	29	46	72	115	185	290	0.46	0.72
250	315	6	8	12	16	23	32	52	81	130	210	320	0.52	0.81
315	400	7	9	13	18	25	36	57	89	140	230	360	0.57	0.89
400	500	8	10	15	20	27	40	63	97	155	250	400	0.63	0.97

❷ 이상의 내용을 바탕으로 편집한 도면은 아래와 같다.

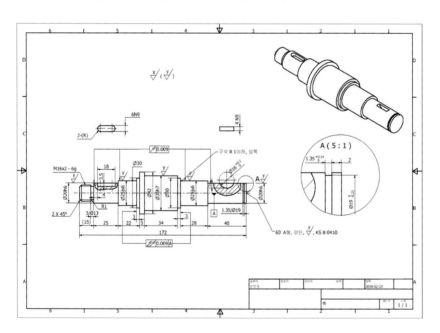

10-6. 축 도면 해석

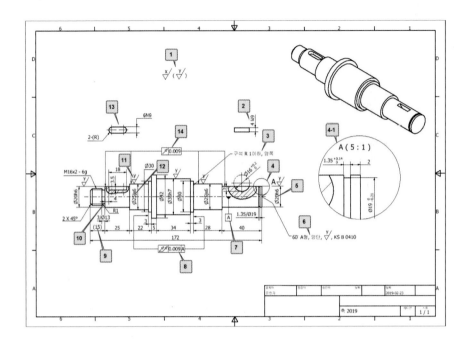

도면의 각 부분을 표시된 번호 순서대로 설명하면 다음과 같다.

❶ 표면 거칠기는 도면에 지시한 곳은 y, 그렇지 않은 곳은 x등급으로 가공한다.

❷ 반달 키 홈: 축 지름 20이므로 KS에 따르면 축 지름 12~20에 적용되는 키의 치수는 키의 폭 b=4, 커터의 지름 d_0=16이고 공차는 +0.2이다. 키 홈의 깊이 t_1=5, 홈 폭의 허용차=보통급 N9이다.

❸ "구석 R1 이하, 양쪽"은 베어링이 조립될 때 베어링의 라운드 부분과 간섭이 없어야 한다. 6205베어링의 라운드는 R1이다. 구석 R이 1보다 크면 베어링이 완전히 조립 되지 않는다.

❹ 멈춤 링 적용 홈: 적용하는 축 d_1=20는 KS에 따르면 홈의 지름 d_2=19이고 공차는 +0.21, 홈의 폭 m=1.35이고 공차는 +0.14이다. 끝단의 최소 치수=1.5이다. 이 부분 은 도면에서 잘 보이지 않고 치수 기입이 쉽지 않으므로 부분 상세도(5-1)를 나타내 었다.

❺ 반달 키가 삽입될 축이므로 KS에 따라 h6공차를 적용하였다.

❻ 양 센터 구멍: 센터 구멍을 남겨 두어야 하며, KS B 0410형으로서 센터 구멍 d=2, 모

따기나 컷오프 홈이 없는 60° 센터 구멍이다.

가운데 표면 거칠기 기호는 "**60° A형, 양단,　　　, KS B 0410**"와 같이 가운데를 비워두고 표면 거칠기 기호를 그려서 따로 끼워 넣어서 처리한 것이다.

❼ 축의 중심을 데이텀 A로 지정하였다.

❽ 축의 측면과 베어링 내륜의 측면이 접촉되도록 조립되어야 한다. 데이텀 A를 기준으로 온흔들림 공차를 적용할 축의 지름이 30이므로 공차 값은 0.009 이내여야 한다.

❾ 축의 전체 길이 치수 172가 표시되어 있고, 각각의 단 길이가 모두 표시되어 있으므로 15는 참고 치수로 처리하기 위하여 괄호로 묶었다.

❿ 수나사의 릴리프 홈 : KS에 따르면 M16의 경우 홈의 폭=3, 홈의 지름=13, 구석R=1이다. 릴리프 홈이 없으면 불완전 나사부가 생긴다.

⓫ 베어링이 조립될 부분으로서 표면 거칠기는 y등급을 적용하였다.

⓬ 지름 25의 축에 베어링(6205)이 조립될 것이므로 베어링 조립부의 공차 js6(또는 j6)을 적용하였다.

⓭ 평행 키 홈 : 키 홈의 크기는 축의 지름에 의해서 결정된다. 축의 지름이 20이므로 KS에 따르면 축 지름=17~22에 적용되는 키의 호칭 치수 b_1=6, 키 홈의 깊이 t_1=3.5, 홈의 폭=6, 폭의 허용차=보통급 N9이다. 그리고 길이의 표준은 6, 8, 10, 12, 14, 16, 18, 20, 22, 25 … 등이 있는데 이 중에서 18로 하였다.

⓮ 데이텀 A를 기준으로 원주 흔들림이 규제되도록 하였다. 축 지름 20, 25의 흔들림 공차는 IT 5등급을 기준으로 0.009를 적용하였다.

11 하우징의 모델링을 통한 도면 작성 및 주석 기입하기

11-1. 하우징 모델링 하기

아래 도면은 치수 공차와 기하 공차 등이 포함된 것으로서 모델링 방법과 도면 해독을 위해 마련하였으므로 차례대로 따라 하기로 한다.

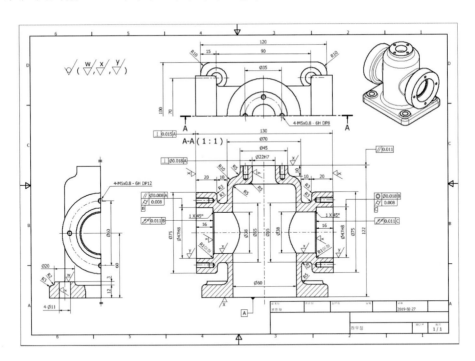

❶ 바닥 면 가로 120×100 크기의 육면체를 높이 12로 돌출시키고 다시 육면체의 윗면 중앙에 지름 70, 길이 110으로 돌출시킨다.

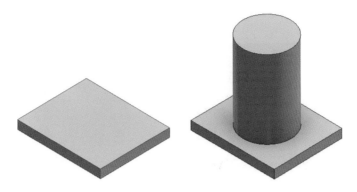

❷ 검색기 창의 원점에서 Y-Z 평면에 지름 55를 높이 60지점에 스케치하고 오른쪽으로 45만큼 돌출시킨다.

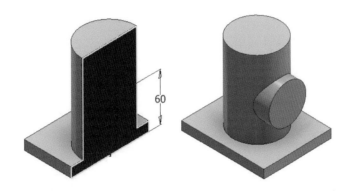

❸ 돌출된 단면에 지름 75 크기의 원을 스케치한 후 길이 20만큼 돌출시킨다.

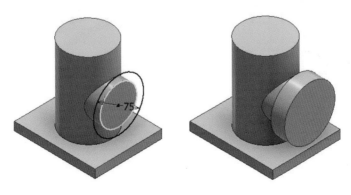

❹ 반지름 3으로 모깎기를 한 다음 오른쪽의 단면에 베어링이 들어갈 자리 지름 47, 깊이 16 되도록 모델링 한다.

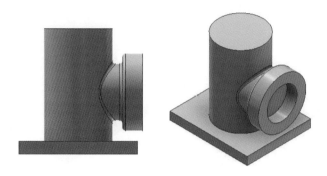

❺ 중앙에 작업 평면을 설정한 다음 오른쪽의 베어링 삽입부와 모깎기 한 부분을 대칭 기능으로 모델링 한다. 방법은 **3D 모형** 탭의 **패턴** 패널에서 **미러**를 선택한 다음, **피쳐**(1)는 검색기 창에서 반대쪽에 대칭으로 복사할 피쳐들(2)을 모두 선택한다. **미러 평면**(3)은 중간의 작업 평면(4)을 선택하고 **확인**을 누르면 피쳐가 대칭으로 모델링 된다.

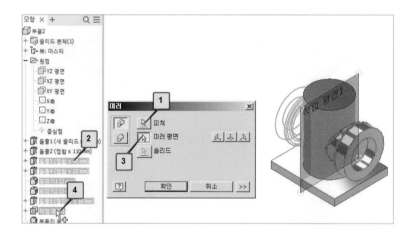

❻ 축이 들어갈 자리에 지름 37로 스케치한 다음 돌출에서 차집합으로 전체를 잘라
낸다.

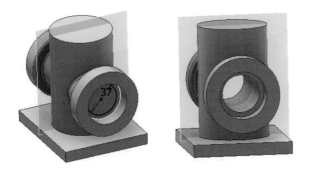

❼ 바닥 면의 중앙에 지름 60으로 스케치한 다음 거리 105가 되도록 차집합으로 잘라
내고 윗면에도 지름 22로 스케치한 다음 전체를 차집합으로 잘라낸다.

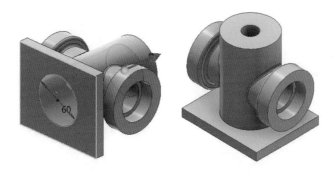

❽ 윗부분에 지름 45로 스케치한 다음 거리 10으로 바깥쪽을 아래로 잘라낸다.

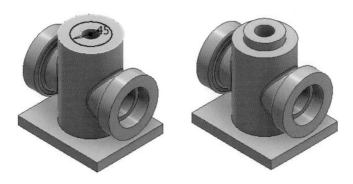

❾ 위쪽 모서리 부분⑴R10과 구석 부분⑵에 R5크기로 모깎기 하고 안쪽 모서리와 구석
에도 R5크기로 모깎기 한다.

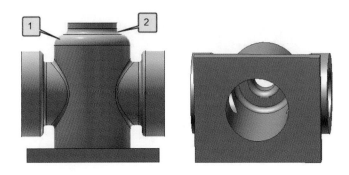

⓫ 모서리로부터 각각 15만큼 떨어진 곳에 지름 20 크기로 스케치하여 3만큼 돌출시킨
다음 반지름 2의 크기로 모깎기 하고 중앙에 지름 11의 구멍을 모델링 한다.

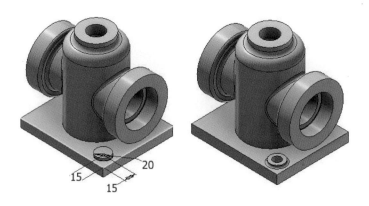

⓬ **모형** 탭의 **패턴** 패널에서 **직사각형 패턴**으로 가로 90, 세로 70, 수량 2개로 모델링
하고 바닥의 모서리 4곳을 반지름 10, 사각형의 윗면 모서리는 반지름 3의 크기로
먼저 모깎기 한다. 그리고 바닥과 원통 사이 구석은 R5, 베어링이 조립될 안쪽 부분
의 코너도 0.5 크기의 모깎기를 한다.

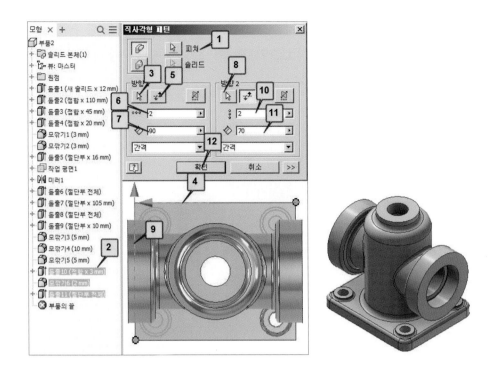

⑬ 베어링 커버가 조립될 양쪽 끝단 중의 한쪽 면에 지름 60 크기의 원을 스케치한다. 이때 원은 **형식** 패널에 있는 **구성선**으로 바꾸어 주는데 이때 그려진 원을 먼저 클릭한 다음 **구성**을 눌러야 한다. 그런 다음 수직과 수평의 자리에 4개의 점을 표시한다. 점이 표시되면 **모형** 탭의 **수정** 패널에서 **구멍**을 선택하고 M5 탭을 드릴 깊이 16, 나사부 12의 크기로 모델링 한다. 이미 점을 표시한 상태이므로 한 번에 4개의 구멍이 동시에 모델링된다. 반대쪽의 탭 구멍은 대칭 기능으로 모델링 한다.

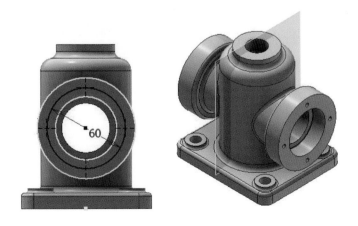

⓮ 위쪽에 있는 4개의 탭 구멍도 지름 35 크기의 구성선을 그린 다음 원 주위에 4개의
점을 표시하고 드릴 구멍 깊이 12, 나사부 8의 크기로 M5 탭 구멍 작업을 하면 모델
링이 완성된다.

⓯ **뷰** 탭의 **모양** 패널에서 **단면도**(1)를 클릭한 다음, **반단면도**(2)를 선택한다. 그다음 측
면(3)을 클릭하여 마우스로 끌고 가거나 직접 -50(4)으로 입력하고 확인(5)을 누르면
반단면(6)을 확인할 수 있다. 1/4 단면도(7) 역시 같은 방법으로 작성할 수 있다. 단면
뷰를 취소하려면 **단면도 뷰 종료**(8)를 선택한다.

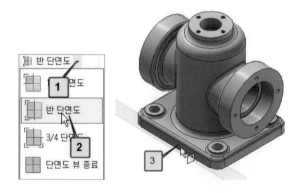

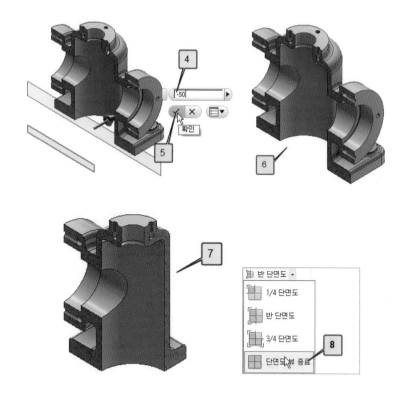

11-2. 이미지 전사하기

그림이나 로고, 문양 등을 모델링 한 면에 전사한다.

❶ 먼저 전사하고자 하는 면을 클릭하여 **스케치 작성**(1)을 누른다. **스케치** 탭의 **삽입** 패
널에서 **이미지 삽입**(2)을 선택해서 파일을 찾아 **열기**를 한다.

❷ 파일이 열리면 적당한 곳에 위치시킨 다음 이미지의 치수(3)를 입력하고 전사할 위치(5)로 이미지를 옮긴 후 스케치를 마무리한다.

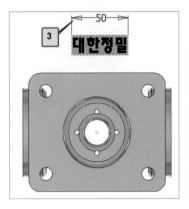

❸ **모형** 탭의 **작성 패널**에서 **전사**(6)를 선택하여 전사 대화상자가 나타나면 **이미지**(7)는 **그림**(8)을 선택하고, **면**(9)은 이미지가 전사될 면(10)을 클릭한 다음 **확인**(11)을 누르면 이미지가 바닥 면에 전사된다.

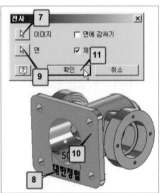

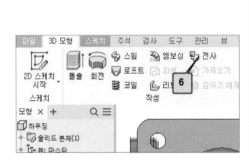

11-3. 곡면에 이미지 전사하기

스케치 화면에서 원통 면의 가장자리에 **점**(1)을 표시한 다음 **점을 통과하여 곡면에 접하는 곳**에 **작업 평면**(2)을 설정하고 이곳을 스케치 평면으로 해서 그림을 전사할 수 있다.

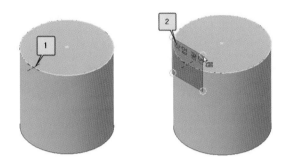

그렇지 않으면 다음과 같은 순서로 작업하면 편리하다.

❶ 먼저 전사할 원통 면과 방향이 같은 평면(1)에서 **스케치 작성**(2)을 누른 후 **스케치** 탭의 **삽입** 패널에서 **이미지 삽입**을 클릭하여 파일을 열고 화면의 적당한 곳에 위치한다. 치수를 입력하고 전사할 위치로 이미지를 이동시킨 다음 스케치 마무리한다.

❷ **모형** 탭에서 **작성** 패널을 클릭해서 **전사**를 선택한 다음 전사 대화상자에서 순서대로(4~8)로 클릭하면 전사가 완료(9)된다.

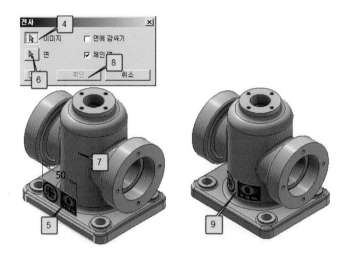

11-4. 질량 계산하기

❶ 검색기 창에서 질량을 구하고자 하는 부품(하우징_1.ipt)을 마우스 오른쪽 클릭한 후 iProperties(2)를 클릭한다. 대화상자에서 물리적(3) 탭을 선택한 다음 재질(4)을 선택 하면 재질에 따른 밀도(5)를 나타내 주고 계산된 질량(6)을 보여준다. 적용(7)을 누른 후 클립보드(8)를 클릭한 다음 한글 문서 등에서 붙여넣기 하면 물리적 특성에 대한 모든 내용이 입력된다.

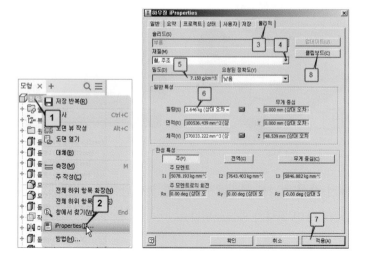

❷ 다음은 Inventor 프로그램에 의해서 계산된 하우징의 물리적 특성이 자동으로 계산된 것이다.

물리적 특성 하우징

일반 특성:

재질: {철, 주조}

밀도: 7.150 g/cm^3

질량: 2.646 kg (상대 오차 = 0.842963%)

면적: 100536.439 mm^2 (상대 오차 = 0.316108%)

체적: 370033.222 mm^3 (상대 오차 = 0.842963%)

무게 중심:

X:　　0.000 mm (상대 오차 = 0.842963%)

Y:　　0.000 mm (상대 오차 = 0.842963%)

Z:　　48.539 mm (상대 오차 = 0.842963%)

무게 중심과 관련된 관성의 질량 모멘트 (음수를 사용하여 계산됨)

Ixx　　　5078.193 kg mm^2 (상대 오차 = 0.842963%)

Iyx Iyy　　−0.000 kg mm^2 (상대 오차 = 0.842963%)

　　　　7643.403 kg mm^2 (상대 오차 = 0.842963%)

Izx Izy Izz　−0.001 kg mm^2 (상대 오차 = 0.842963%)

　　　　−0.000 kg mm^2 (상대 오차 = 0.842963%)

　　　　5846.882 kg mm^2 (상대 오차 = 0.842963%)

전역과 관련된 관성의 질량 모멘트 (음수를 사용하여 계산됨)

Ixx　　　11311.556 kg mm^2 (상대 오차 = 0.842963%)

Iyx Iyy　　−0.000 kg mm^2 (상대 오차 = 0.842963%)

　　　　13876.765 kg mm^2 (상대 오차 = 0.842963%)

Izx Izy Izz　−0.002 kg mm^2 (상대 오차 = 0.842963%)

　　　　−0.000 kg mm^2 (상대 오차 = 0.842963%)

　　　　5846.882 kg mm^2 (상대 오차 = 0.842963%)

무게 중심과 관련된 관성의 주 모멘트

I1:　　5078.193 kg mm^2 (상대 오차 = 0.842963%)

I2:   7643.403 kg mm^2 (상대 오차 = 0.842963%)

I3:   5846.882 kg mm^2 (상대 오차 = 0.842963%)

전역에서 주 모멘트로 회전

Rx: 0.00 deg (상대 오차 = 0.842963%)

Ry: 0.00 deg (상대 오차 = 0.842963%)

Rz: -0.00 deg (상대 오차 = 0.842963%)

11-5. 하우징 도면 작성과 주석 기입하기

❶ 새로 만들기에서 도면을 선택한다. 도면 창이 열리면 뷰 배치 탭에서 기준(1)를 클릭
한다. 도면 뷰 대화상자의 구성 요소 탭에서 파일(2)을 찾는다. 스타일은 은선 제거
(3)로 하고 축척(4)을 1 : 1로 한다. 뷰 큐브(5)에서 평면도를 선택한다.

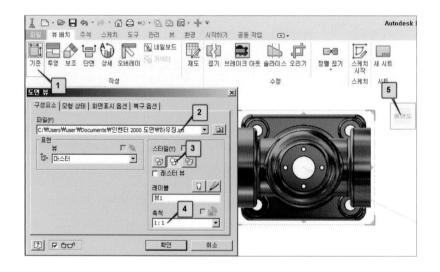

❷ 뷰 배치 탭의 수정 패널에서 오리기(1)를 선택한 다음 뷰 영역(2)을 클릭하면 빨간 점선
이 나타난다. 이때 마우스를 왼쪽 측면으로 이동하면 빨간 실선의 중심에 초록색 점
(3)이 생긴다. 마우스를 왼쪽으로 조금 이동하면 노란 점(4)이 따라온다. 이곳에서 오
리기 할 영역의 첫 번째(5) 코너와 두 번째(6) 코너를 클릭하면 오리기가 완성(7)된다.

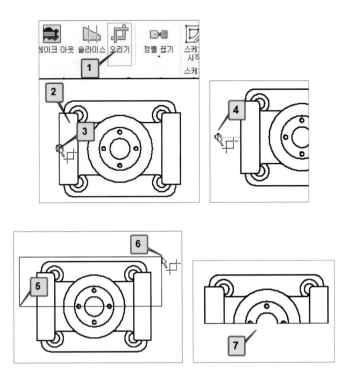

❸ 정면도를 단면 처리하여 배치한다. 먼저 뷰 배치 탭의 작성 패널에서 단면(1)을 선택한 다음 단면처리 할 뷰(2)를 클릭하면 해당 뷰는 빨간 점선으로 나타난다. 마우스 포인트를 단면 처리할 부분인 선의 아래쪽(3)으로 옮기면 녹색 포인트가 생기는데 이 지점에서 왼쪽으로 마우스 포인트를 옮기면 노란 점(4)이 따라온다. 이 지점에서 클릭하고 다시 반대쪽(5)으로 마우스 포인트를 이동하여 클릭한다. 그다음 약간 위(6)에서 마우스 오른쪽 클릭하여 계속(7)을 누르면 단면도 대화상자가 나타나는데 필요한 사항을 선택하고 화면의 적당한 위치(8)에서 클릭하면 단면도가 만들어진다. 단면도 뷰를 적당한 위치로 이동한다.

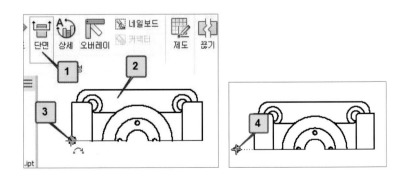

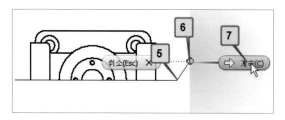

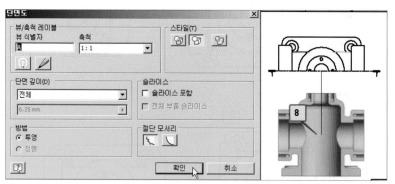

❹ 좌측면도를 배치한다. 뷰 배치 탭의 작성 패널에서 투영(1)을 선택한 다음 정면도(2)
를 클릭하고 좌측면도가 배치될 위치(3)에서 다시 클릭한 후 마우스 오른쪽 클릭하
여 작성(4)을 누르면 좌측면도가 배치된다.

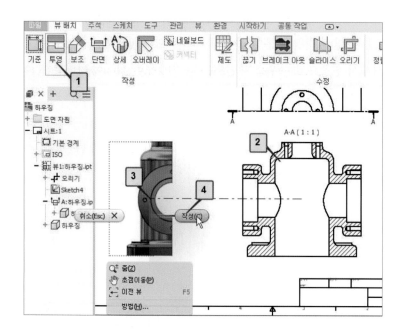

❺ 등각 투영도를 배치한다. 뷰 배치 탭의 작성 패널에서 기준(1)을 선택한 다음 뷰 큐
브에서 정면도의 우측 상단(2)을 클릭하고 축척(3)을 지정한 다음 확인(4)을 누르면
등각 투영도(5)가 배치된다.

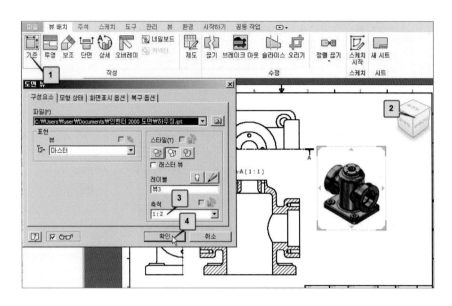

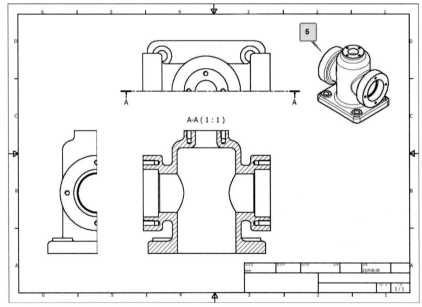

❻ 뷰의 배치가 완료되면 도면에 치수와 공차, 기하 공차, 표면 거칠기, 중심선 등 주석
을 기입하여 도면을 완성한다.

11-6. 하우징 도면 해석

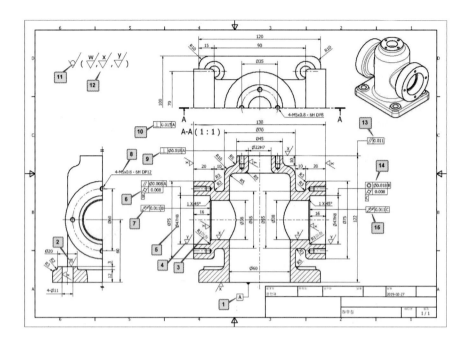

도면에 표시된 번호를 순서대로 설명하면 다음과 같다.

❶ 바닥 면을 데이텀 A로 지정한다.

❷ 볼트 머리가 접촉될 면이므로 표면이 w급 정도로 거칠어도 무방하다.

❸ 6204 베어링 외륜의 모서리는 R1이므로 도면의 R값은 이와 같거나 작아야 한다.

❹ 베어링이 조립될 면이므로 표면 거칠기는 y 정도의 고운 면을 가져야 한다.

❺ 베어링은 하우징에 조립되어 내륜이 구동하므로 H8 등급을 적용한다.

❻ 기하 공차로서 데이텀 A와 평행이어야 한다. 공차 값은 평행부의 길이가 16이므로 16을 기준 길이로 하여 IT 5등급을 적용하면 0.008이며 축선을 기준으로 하는 평행도이므로 ϕ 기호가 앞에 붙는다. 그리고 기하 공차 원통도를 적용하며 원통도의 기준길이는 원통부의 길이이므로 16을 IT 5등급을 적용하면 0.008이다. 또 이 축선을 데이텀 C로 지정한다.

❼ 베어링의 측면이 접촉하여 축선과 직각 방향으로 흔들림이 없어야 하므로 기하 공차 전체 흔들림을 적용하고 공차 값은 지름 47을 기준 길이로 하여 IT 5등급을 적용하면 공차 값은 0.011이다.

❽ 베어링 커버가 조립될 탭 구멍이며 크기는 M5, 피치 0.8, 등급 6H, 깊이 12이며 4개가 동일하다.

❾ 직각이 되어야 할 ∅22 구멍은 바닥 면, 즉 데이텀 A에서 거리 122를 기준 길이로 하여 IT 5등급을 적용하면 기하 공차 값은 0.018이다. 그리고 ∅22의 축선이 규제 대상이므로 기하 공차 값에 ∅ 기호가 붙는다.

❿ ∅75의 측면은 베어링 커버가 부착될 면으로서 데이텀 A와 직각이 되도록 규제한다. 기준 길이는 데이텀 A에서 지름 ∅75의 윗부분까지의 거리, 즉 97.5이다. 따라서 IT 5등급을 적용하면 0.015이다. 그리고 기하 공차 표시 틀은 길이 치수 130의 치수선과 일치하도록 하여 좌·우측이 동시에 적용되도록 한다.

⓫⓬ 외부는 주물 상태이므로 제거 가공을 하지 않고 다만 도면에서 괄호 속의 표면 거칠기 표시가 된 곳은 도면의 지시에 따르도록 한다.

⓭ 데이텀 A, 즉 바닥 면과 윗면을 평행도로 규제한다. 평행이 되어야 하는 부위의 지름이 ∅45이다. 따라서 기준 길이 45, IT 5등급을 적용하면 0.11이다.

⓮ 베어링이 조립될 곳으로서 좌측의 구멍, 즉 데이텀 B와 동심으로 규제한다. 기준 길이는 동심이 이루어져야 할 구멍 간 거리이므로 130이 적용되어 IT 5등급을 적용하면 0.018이다. 또 이곳은 원통도로 규제하며, 여기를 다시 데이텀 C로 지정한다.

⓯ 베어링의 측면과 접촉하는 구멍의 측면은 데이텀 C와 전체 흔들림으로 규제한다. 전체 흔들림 공차 값을 적용하는 기준 길이는 베어링의 지름 값이 47이므로 IT 5등급을 적용하면 0.011이다.

12-1. 회전 기능으로 플렌지가 붙은 엘보 모델링 하기

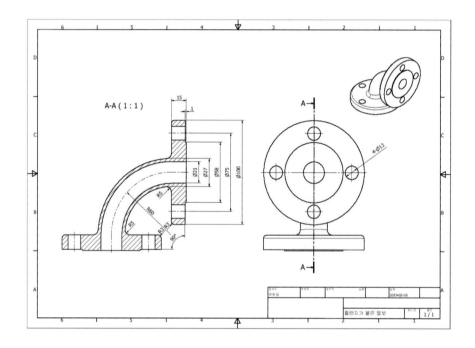

❶ 스케치 화면에서 지름 21과 27의 원, 그리고 원의 중심에서 60 떨어진 곳에 직선을 그린다.

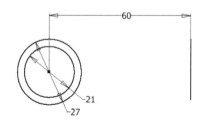

❷ **모형** 탭에서 **회전**을 선택하여 **프로파일**(1)은 원(2)을 선택한다. 그리고 각도(3) 90°를 입력한 다음 축(4)은 선(5)을 클릭하고 확인(6)을 누르면 엘보가 모델링된다.

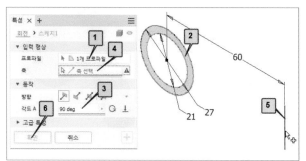 

❸ 플렌지 부분을 모델링 하기 위하여 측면(1)을 클릭해서 스케치(2)를 선택한 후, 지름 100으로 스케치하고 거리 14로 돌출(3)시킨다. 다시 지름 58을 스케치하고 거리 1로 돌출(4)시킨다.

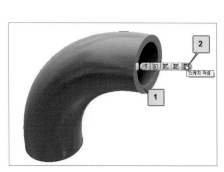 

❹ 15 mm 구멍 4개를 모델링하기 위하여 측면에 지름 75의 원(1)을 스케치한 다음 선을 구성 선으로 바꾼다. 그리고 4개의 점(2~5)을 표시한다. **3D 모형** 탭에서 **구멍**을 선택한 후 구멍의 크기는 13, 종료는 **지정 면까**지(6)로 하며, **지정 면**(7)은 뒷면(8)을 선택하고 **확인**을 누른다.

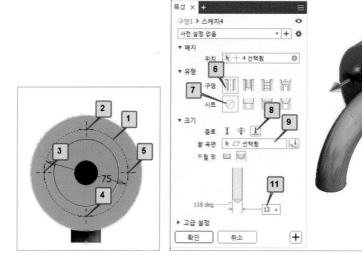

❺ 반대편에는 이미 그려진 스케치를 복사하고 스케치 된 것을 공유시켜서 모델링 하기로 한다. 먼저 끝 단면(1)을 클릭한 다음 **스케치 작성**(2)을 누른다. 그다음 복사하고자 하는 **스케치**(3)를 마우스 오른쪽 클릭하여 **복사**(4)를 선택한다. 복사가 선택되면 클립보드에 저장될 선(5)이 파란색으로 표시된다.

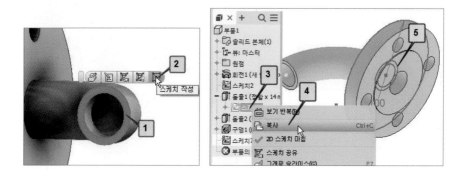

검색기에서 현재 스케치 중인 곳(6)을 마우스 오른쪽 클릭한 다음 **붙여넣기**(7)를 하면 스케치 복사가 완료된다. 이러한 방식으로 나머지 스케치도 복사하여 **붙여넣기**를 한다. 복사가 완료되면 스케치 선들(8)이 모두 보인다.

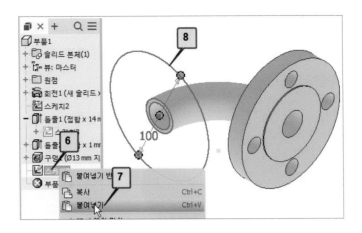

3D 모형 탭의 **작성** 패널에서 **돌출**을 선택하여 거리 14를 돌출(9)시킨다. 그다음 **스케치**(10)를 오른쪽 클릭하여 스케치 **공유**(11)를 선택한다. 물론 **가시성**(12)에 체크가 되어 있어야 스케치 선들이 보인다.

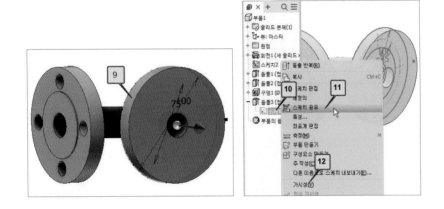

돌출과 구멍을 모델링 하고 구석의 모깎기 5와 모서리의 모깎기 3을 하면 모델링이 마무리된다.

❻ ※ 여기서 잠깐! 자유 회전(1)을 선택한 다음 Shift키를 누른 상태에서 마우스 포인트 (2)를 왼쪽 또는 오른쪽으로 "휙" 하고 옮기면 모델링 된 부품이 빙글빙글 돌아간다. 다시 클릭하면 멈춘다.

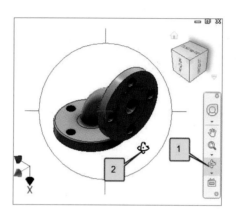

12-2. V벨트 풀리 모델링 하기

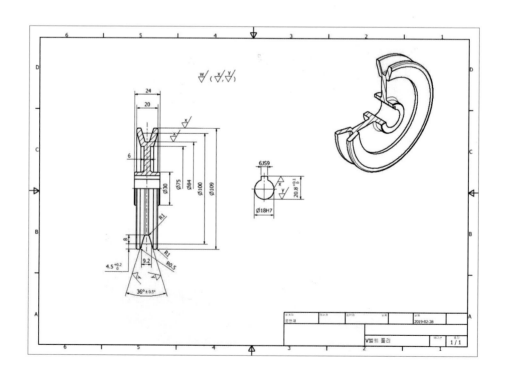

❶ KS규격에 의한 A형 V벨트 풀리를 모델링 하기 위하여 아래 왼쪽 그림(1)과 같이 스케치한다. 스케치가 끝나면 중심선을 기준으로 오른쪽의 선들을 대칭(2)시킨다.

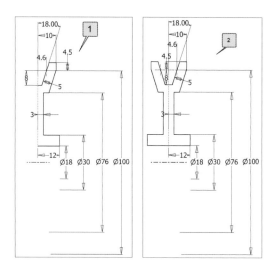

❷ **3D 모형** 탭의 **작성** 패널에서 **회전**을 선택하면 피쳐가 하나이므로 자동으로 회전되어 모델링이 된다. 측면(3)에서 오른쪽 그림(4)과 같이 스케치한 후 돌출시켜 키 홈(5)을 만들고 모따기와 모깎기(6)를 하여 완성시킨다.

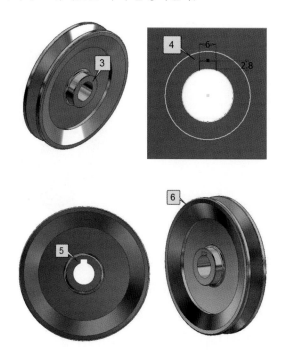

12-3. 로프 풀리 모델링 하기

❶ 로프 풀리의 형상⑴에 대한 규격은 다음과 같다.

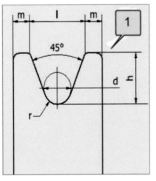

d : 로프 공칭 지름

r : 0.525~0.55d

h : 1.41d~2.67d (로프 지름에 따라 다르다)

l : 1.88d~3.0d (로프 지름에 따라 다르다)

m : 2~12.5 mm (로프 지름에 따라 다르다)

❷ 스케치 화면에서 다음 그림⑵과 같이 스케치한 다음 **3D 모형** 탭의 **작성** 패널에서 **회전**을 선택하여 회전시키면 오른쪽 그림⑶과 같이 모델링 된다.

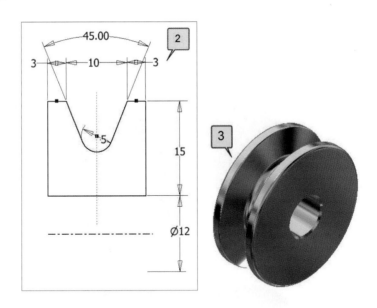

❸ **X-Y** 평면을 **작업 평면**으로 설정한 다음 **스케치**를 한다. F7키를 눌러 **그래픽 슬라이스** 상태로 둔 다음 **절단 모서리**를 **투영**해서 **점**⑸을 표시한다. 중심을 알기 어려우면 왼쪽 측면에 선⑷을 그려두면 중심을 쉽게 잡을 수 있다.

3D 모형 탭의 **수정** 패널에서 **구멍**을 선택하여 M4 탭 구멍⑹을 모델링 한다. 이 구

멍은 멈춤 나사가 조립될 곳이다.

모깎기(7)와 **모따기**(8)를 하면 모든 작업이 끝난다.

12-4. 작업 평면에 각도를 지정하여 모델링 하기

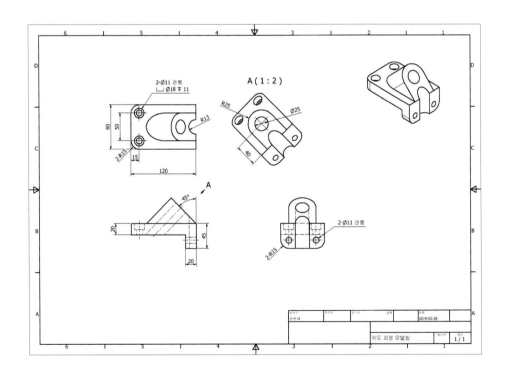

❶ 아래 그림과 같이 기역자 형태로 스케치하여 돌출시킨 후, 3D 모형 탭에서 작업 평면을 선택하고 모서리(1)를 클릭한 후 평면(2)을 클릭하여 각도(3) -45°를 입력하고 확인(4)을 누른다.

  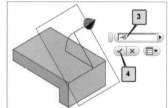

❷ 45° 경사진 면을 선택해서 스케치 작성(5)을 클릭한다. 이때 스케치 아이콘이 잘 나타나지 않을 경우 검색기 창에서 **작업 평면**을 오른쪽 클릭하여 **새 스케치**를 선택하면 경사진 면에 스케치할 수 있다.

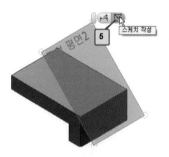

❸ 도면대로 스케치(6)를 한 후 3D 모형 탭에서 돌출을 선택하여 방금 스케치한 면(7)을 끝 면(11)까지 돌출시킨다.

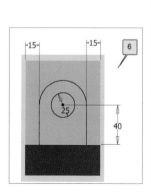 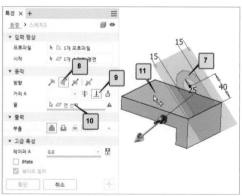

❹ 검색기 창에서 방금 스케치한 것을 찾아 **스케치 공유**시킨 후 **돌출**에서 전체 구멍(9)
을 잘라내기 한다. 점(10)을 표시한 다음 카운터 보링 구멍을 모델링 한다.

뒤집어서 바닥에 지름 26의 원을 스케치(11)하고 잘라낸다. 나머지 모깎기 등의 작업
을 하여 그림(12)과 같이 모델링을 완성한다.

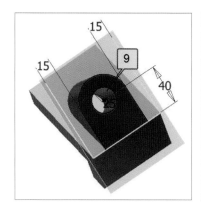
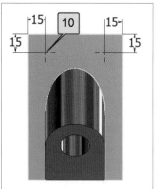

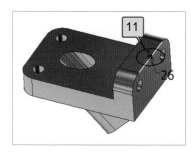

12-5. 제도(면 기울기) 기능 활용하기

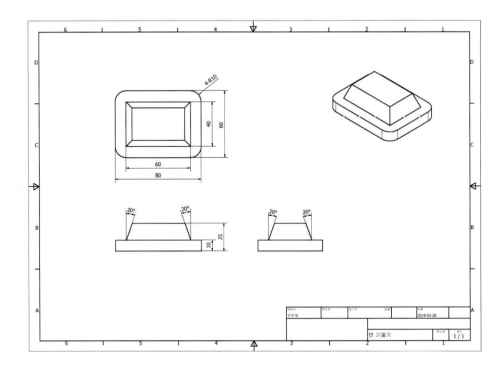

❶ **스케치** 탭에서 가로 80, 세로 60과 또 가로 60, 세로 40으로 스케치하여 다음⑴과 같이 돌출시킨다.

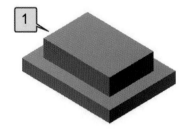

❷ **3D 모형** 탭의 **수정** 패널에서 **제도**⑵를 선택(실제는 면 기울기이다)하고 **인장 방향**⑶이 활성화되면 면⑷을 클릭한다. 이 면이 기준이 되는 면이다.

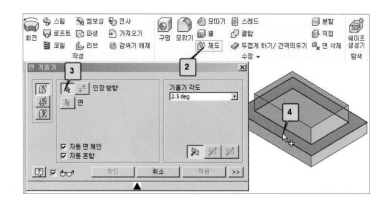

❸ **면**(5) 버튼이 활성화된 상태에서 **기울기 각도**(6)를 입력하고 기울일 면(7)을 지정하면 위 그림의 바닥(4)이 기준이 되어 면이 기울어진다. 이때 마우스를 클릭하는 지점이 기울일 면의 중간보다 위인지 또는 아래인지에 따라 면이 기울어지는 방향은 달라진다.

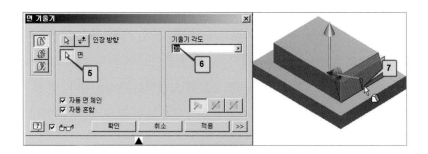

❹ 인장 방향(8)을 반대로 설정하면 바닥(4)이 기준이 되어 면이 반대(9)로 기울어진다.

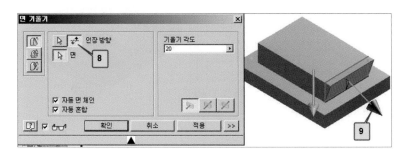

❺ 기울이고자 하는 여러 면(10)을 동시에 선택하여 한꺼번에 면을 기울일 수 있다.
모깎기(11)를 하면 모델링이 완성된다.

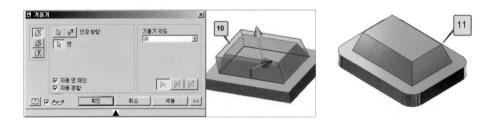

12-6. 쉘 작업으로 속이 빈 부품 모델링 하기

❶ 앞서 모델링 한 부품을 이용하여 쉘 작업으로 속이 빈 부품을 모델링 하도록 한다.
3D 모형 탭의 수정 패널에서 쉘(1)을 선택하면 대화상자가 나타난다. 속이 빈 부품
을 만들 때 두께를 지금의 선을 기준으로 안쪽(2) 또는 바깥, 혹은 양쪽으로 줄 것인
지를 결정한 다음 어느 쪽 면을 제거(3)하고 속을 비울지를 결정한다. 큰 면(4)을 지
정한 다음 두께(5)를 입력하고 확인을 누르면 모델링이 완성(6)된다. 면 제거를 선택
할 때 윗면과 아랫면을 동시에 선택하면 위아래가 뚫린 형상(7)으로 모델링 된다.

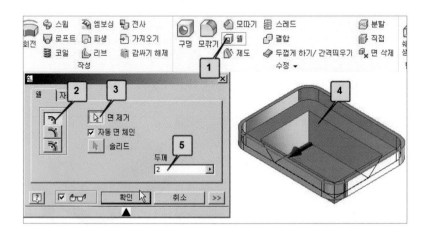

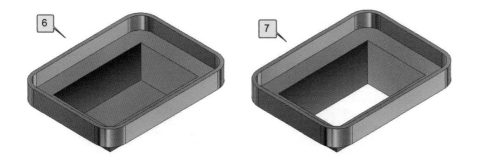

12-7. 분할 작업으로 부품의 단면을 잘라내기

❶ 분할 도구가 있어야 하므로 작업 평면(1)을 선택하고 부품의 측면(2)을 클릭한 다음 안쪽으로 끌고 가거나 직접 치수(3)를 입력하고 확인(4)을 누른다.

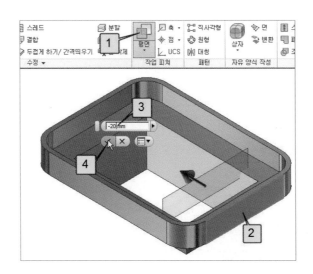

❷ 3D 모형 탭의 수정 패널에서 분할(5)을 선택하면 분할 대화상자가 나타난다. 대화상 자에서 솔리드 자르기(6)를 선택하고 분할도구(7)는 위에서 만든 작업 평면(8)을 선택 한다. 그리고 제거 방향(9)을 결정한 다음 화살표(10)를 확인하고 바르게 선택되었으 면 적용(11) 또는 확인 버튼을 누르면 분할된다.(12)

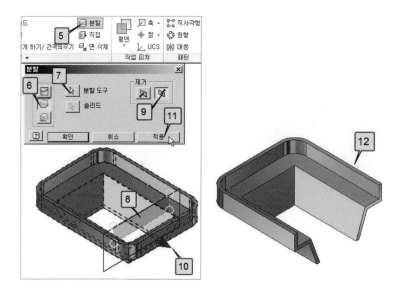

12-8. 피쳐 억제 및 삭제하기

❶ 여기서 잠깐! 피쳐 억제 및 삭제하기를 공부하기로 한다.

이미 만들어진 피쳐를 억제 또는 삭제하려면 검색기 또는 그래픽 창에서 스케치 또는 배치된 피쳐를 선택하고 마우스 오른쪽 클릭하여 억제 또는 삭제를 누른다.

앞에서 쉘 작업한 부분을 피쳐 억제해 보자. 먼저 검색기 창에서 쉘(1)을 마우스 오른쪽 클릭하고 **피쳐 억제**(2)를 클릭하면 오른쪽 그림(3)처럼 쉘 작업한 부분이 억제된다.

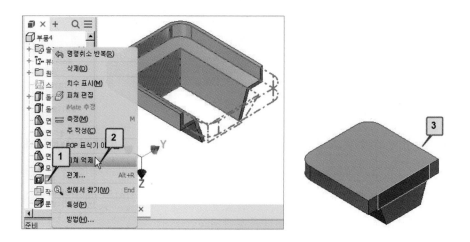

❷ 억제된 피쳐의 해제는 검색기 창에서 비활성화되어 회색으로 보이는 부분(4)이 억제 또는 비가시화되어 있는 부분이다. 여기를 마우스 오른쪽 클릭하여 **피쳐 억제 해제** (5)를 선택하면 억제된 피쳐(6)를 다시 볼 수 있다.

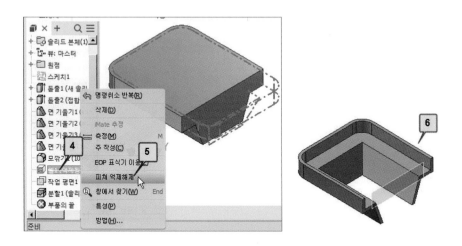

❸ 또 작업 평면(7)이 보이지 않도록 하기 위해서는 검색기 창에서 작업 평면(8)을 마우스 오른쪽 클릭하여 가시성(9)을 다시 클릭하여 제거하면 오른쪽 그림(10)과 같이 화면에서 보이지 않게 처리된다.

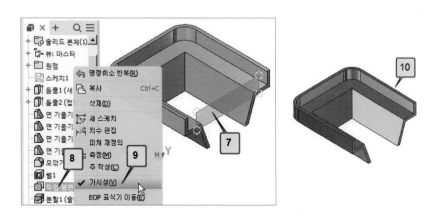

❹ 이 작업은 그래픽 화면에서 작업 평면(11)을 직접 마우스 오른쪽 클릭하여 생기는 미니 도구 막대의 가시성(12)을 클릭해도 같은 기능을 한다. 그런데 만약 삭제(13)를 누르게 되면 이 작업 평면을 이용하여 진행된 다른 작업도 함께 삭제되어 오른쪽 그림 (14)처럼 된다.

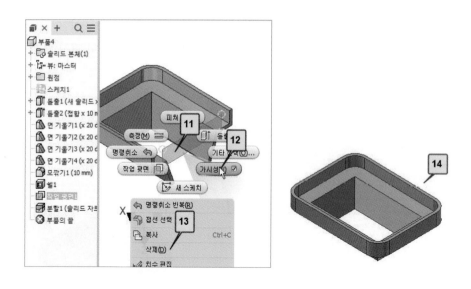

12-9. 직접 편집하기

직접 편집을 사용하여 Inventor에서 작성한 솔리드 모형을 변경할 수 있다.

직접 편집을 공부하기 위해 앞서 모델링 한 부품을 다음과 같이 약간 수정하도록 한다.

검색기 창(1)에서 쉘과 분할을 피쳐 억제시키고 작업 평면도 보이지 않도록 가시성을 제거한 다음 평면에서 스케치(2) 작성을 선택한다.

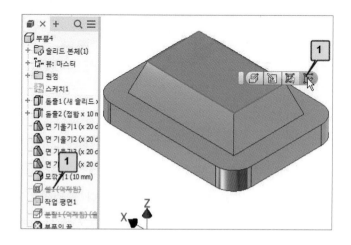

두 곳에 점을 표시하고 그림(3)과 같이 치수를 입력한 다음 5 mm 구멍(4)을 모델링 한다.

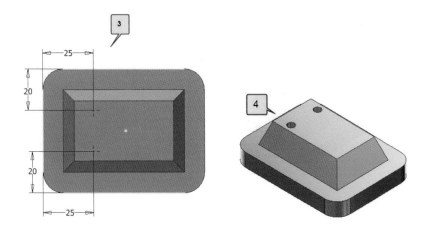

직접 편집은 4가지 편집 작업(이동, 크기 조절, 회전 및 삭제)이 가능한 미니 도구 막대와 모형
을 수정하는 데 사용하는 직접 조작기 트라이어드를 제공한다.

❶ 이동

수정 패널에서 직접(1)을 선택하면 미니 도구 막대가 생성되는데 이 중에서 이동(2)
을 선택한 다음 이동시키고자 하는 피쳐(구멍 3, 4)를 선택한다. 화살(5)을 잡아서 끌거
나 직접 치수를 입력하고 확인(6)을 누르면 구멍의 위치가 그림(7)처럼 이동되고 검
색기 창에도 표시(8)가 된다.

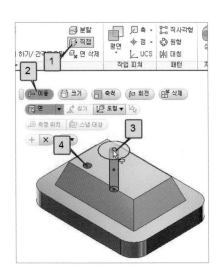

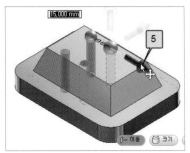

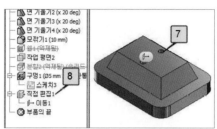

❷ 크기

아래 그림과 같이 각 피쳐는 크기를 화살을 끌거나 직접 치수를 입력하여 크기를 변경할 수 있다.

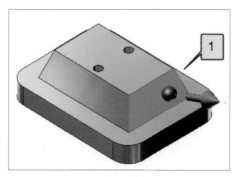

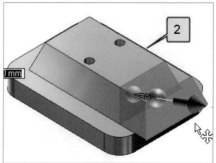

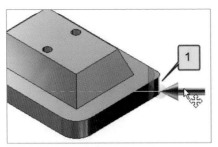
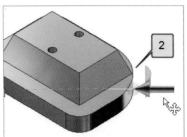

❸ 축척

솔리드의 축척을 변경할 수 있다.

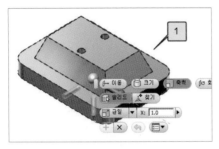
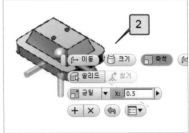

❹ 회전

선택한 면의 각도를 변경할 수 있다.

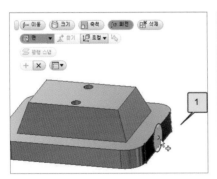
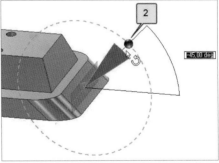

 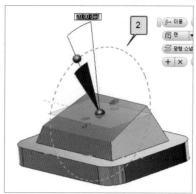

⑤ 삭제

선택한 피쳐를 삭제할 수 있다.

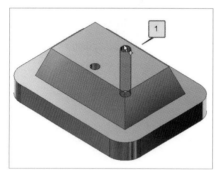 

12-10. 스윕 피쳐 작성하기

스케치 된 단일 경로를 따라 하나 이상의 스케치 프로파일을 스윕하여 피쳐 또는 본체를 작성할 수 있다.

❶ 스케치 탭의 작성 패널에서 **선**(1)을 선택한 후 스플라인(2) 선을 이용하여 아래와 같이 4개의 점(3~6)을 표시한 다음 엔터키를 누르고 치수를 입력하여 **스케치를 마무리**한다.

❷ **3D 모형** 탭의 **작업 피쳐** 패널에 있는 **평면**을 이용하여 점(3)에 작업 평면(7)을 설정
하고 작업 평면에 지름 10 mm의 원(8)을 스케치한다.

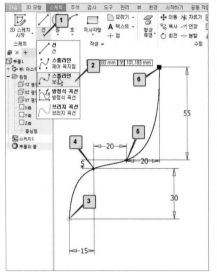 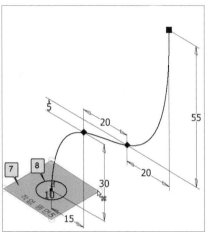

3D 모형 탭의 작성 패널에서 스윕(9)을 선택하고 프로파일(10)은 원(11), 경로(12)는 스
플라인으로 작성된 선(13)을 선택하면 스윕 피쳐가 완성된다. 그런데 여기서는 단일
프로파일이므로 한 번에 그림과 같이 스윕 피쳐가 완성된다.

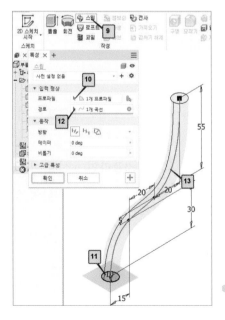 

❸ 아래 그림과 같이 여러 개의 스케치(14)를 동시에 스윕하여 피쳐(15)를 작성할 수도
있다. 단 이때 스케치는 단일 평면에 있어야 한다.

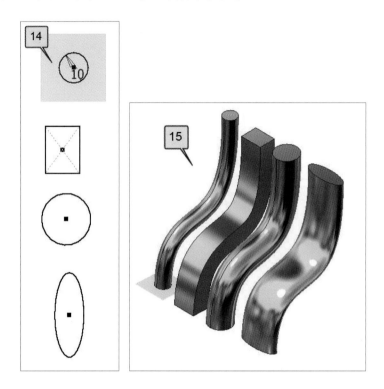

12-11. 로프트 피쳐 작성하기

도형의 양쪽 끝 모양이 서로 다른 형상을 모델링 하기 위하여 **로프트** 기능을 이용한다.

❶ **스케치** 탭의 **작성** 패널에서 **선**(1)을 선택한 후 **스플라인**(2) 선을 이용하여 아래와 같
이 4개의 점(3~6)을 표시한 다음 엔터키를 누르고 치수를 입력하여 **스케치를 마무리**
한다.

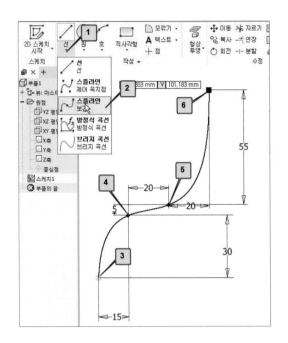

2 **3D 모형** 탭의 **작업 피처** 패널에 있는 **평면**을 이용하여 모든 점(3~6)에 **작업 평면**을 설정하고 각각의 작업 평면에 그림과 같은 치수로 스케치한다.

스케치할 때 다른 작업 평면이 보여서 번거로우면 검색기 창에서 **작업 평면의 가시성**을 제거했다가 나중에 다시 가시성을 부여하면 된다.

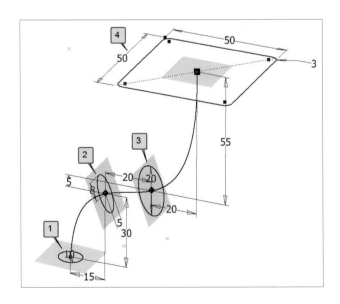

❸ 각 점에 따른 작업 평면의 상세 스케치 치수는 아래 그림과 같이 한다.

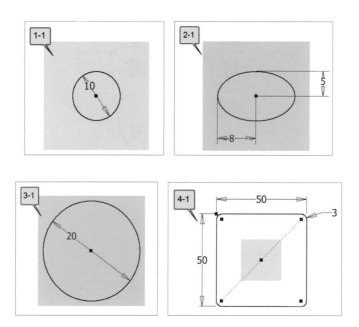

❹ 각 작업 평면에 스케치가 완료된 후, **3D 모형** 탭의 **작성** 패널에서 **로프트**(1)를 선택하면 **로프트** 대화상자가 나타난다. 대화상자에서 **중심선**(2)을 선택한 다음, 단면 상자에서 **추가하려면 클릭**(3)을 누른 후 방금 작성한 도형(4~7)을 차례대로 클릭하여 단면을 추가한다. 끝으로 중심선 **스케치 선택**(8)을 클릭한 다음 스케치의 중심선(9)을 선택하고 **확인**을 누른다.

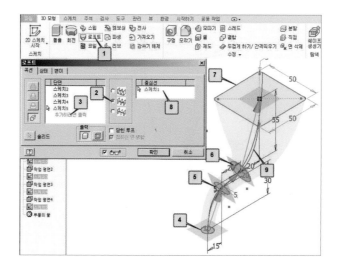

❺ 로프트 모델링(10)이 끝났다.

추가로 **쉘** 작업으로 안쪽으로 두께 2만 남기고 속을 모두 제거한 다음, R1로 모깎기를 하면 아래 위가 뚫린 깔때기 모양의 부품(11)이 모델링 완성되었다.

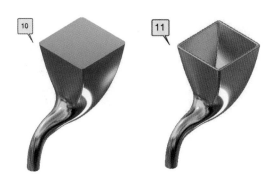

12-12. 나선형 코일 작성하기

❶ 나선형 코일의 단면(1)과 코일이 감길 축의 중심선(2)을 아래 왼쪽 그림과 같이 스케치한다.

❷ 3D 모형 탭의 작성 패널에서 코일(3)을 선택한다. 프로파일(4)은 코일의 단면(5), 축(6)은 코일이 감길 축의 중심선(7)을 선택한다.

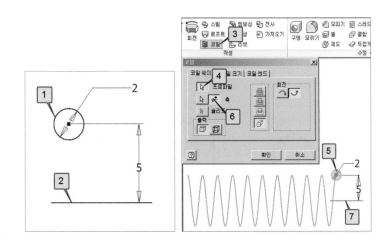

❸ 코일 크기(8) 탭에서 유형은 피치 및 회전(9)으로 하고 피치(10)는 3, 회전(11)은 10회전
으로 한 다음 확인을 누르면 오른쪽 그림(12)과 같이 코일이 모델링 된다.

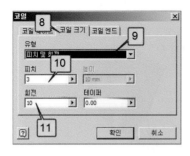 

❹ 코일 크기에서 테이퍼(13) 값을 주면 아래 오른쪽의 그림(14)과 같이 코일의 시작과
끝의 각도가 다르게 모델링 된다.

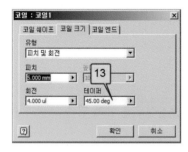 

12-13. 코일 기능을 이용한 스레드 피쳐 작성하기

❶ 먼저 아래 도면에서 나사를 제외한 부분을 그림(1)과 같이 모델링 한다.

 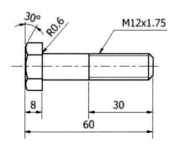

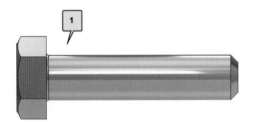

❷ 다음, 수정 패널의 스레드 기능을 이용하여 아래 그림(2)과 같은 사양으로 모델링 하
면 그림(3)과 같이 그래픽 상태의 모양만 나사처럼 보일 뿐 실제 나사의 산과 골은
표현되지 않는다.

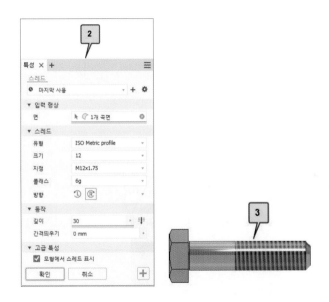

❸ 아래 그림(5)과 같이 실제 모습의 볼트처럼 모델링 해 본다.

먼저 위 그림(1)의 상태에서 볼트의 중심 평면에 새 스케치(6)를 선택한다.

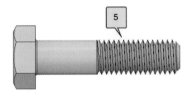

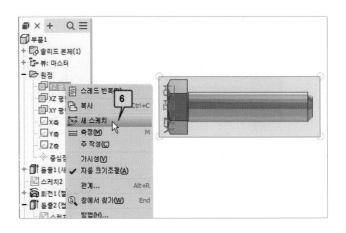

❹ 외경과 일치하는 곳에 10 mm 정도 길이의 선을 그린 다음 선의 끝에 한 변의 길이
가 피치보다 약간 작은 정삼각형을 그린다. 이 삼각형이 코일의 단면이 된다. (선반에
서 나사를 가공하기 위한 바이트라고 이해하여도 좋을 것이다.) 그리고 코일이 감길 때 회전축이
될 중심축 선을 그려둔다.

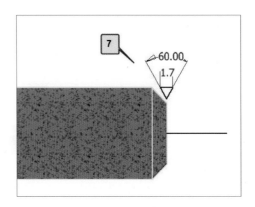

❺ 스케치가 완료되면 3D 모형 탭의 작성 페널에서 코일을 선택하면 코일 대화상자가
나타난다. 대화상자에서 프로파일(8)은 삼각형(9), 축(10)은 스케치상의 축선(11)을 선
택한다. 이때 코일의 진행 방향이 반대로 될 경우에는 축 방향(12)을 바꾼다. 그리고
외경 12에서 삼각형 모양으로 깎아내는 형상이 되어야 하므로 잘라내기, 즉 차집합
(13)을 선택한다.
코일 크기 탭(14)에서 피치 1.75, 회전 17.2(나사부 길이를 감안한 치수)를 입력하고 확인을
누르면 아래 오른쪽 그림(15)과 같은 실제 나사 모양으로 모델링을 할 수 있다.

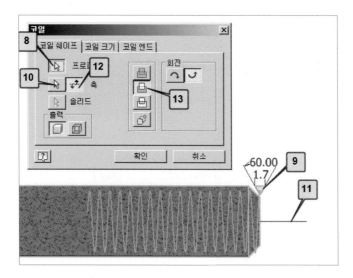

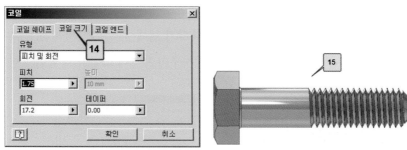

❻ 여기서 아래 그림을 보면 나사가 끝나는 부분(16), 즉 불완전 나사부의 모양이 바르게 표현되지 않았다.

불완전 나사부를 표현하기 위하여 코일이 끝나는 부분의 삼각형(17)을 클릭한 다음 다시 스케치 작성을 클릭한다. 그리고 프로파일을 선택할 수 있도록 **절단 모서리 투영**(18-1)을 선택해 두고 또 코일 작업에서 만든 **스케치 공유**(18-2)가 되어야 중심축을 사용할 수 있다.

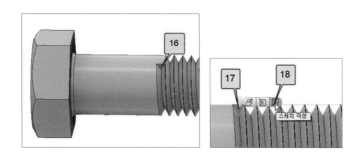

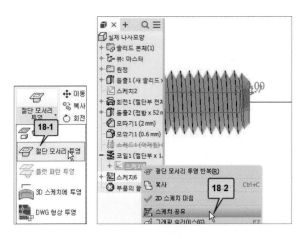

❼ **3D 모형** 탭의 **작성** 패널에서 **코일**을 선택하면 나타나는 코일 대화상자에서 **프로파일**
은 삼각형(19)을 선택하고 축은 앞에서 사용한 중심축(11)을 선택한다. 역시 여기서도
차집합으로 잘라내기를 한다. 그다음 **코일 크기** 탭에서 피치 1.75, 회전 1, 테이퍼 60
도를 입력한 다음 **확인**을 누르면 불완전 나사부의 모양이 그림(21)과 같이 표현된다.

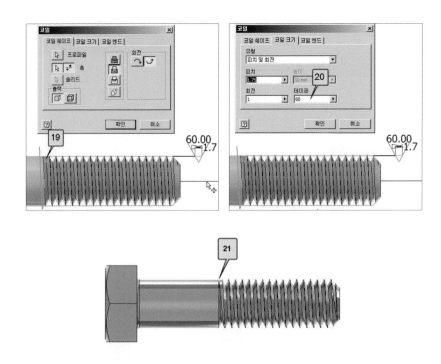

12-14. 스윕과 면 분할 피쳐 작성하기

다음 도면을 이용하여 **스윕**과 **면 분할** 연습을 한다.

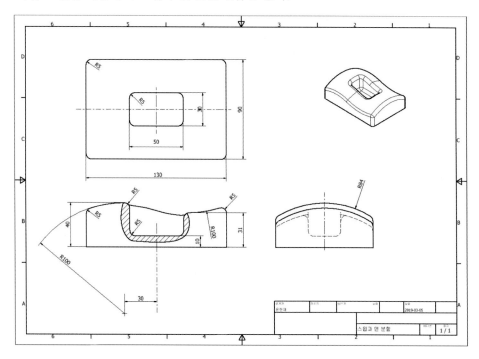

❶ X-Y 평면을 선택하고, **스케치** 탭의 **작성** 패널에서 가로세로 각각 130, 90 크기의
직사각형(1)을 그린 후, **3D 모형** 탭의 **작성** 패널에서 40만큼 돌출한다. 그다음 검색
기 창에서 X-Z 평면을 오른쪽 클릭하여 **새 스케치**(2)를 선택한다.

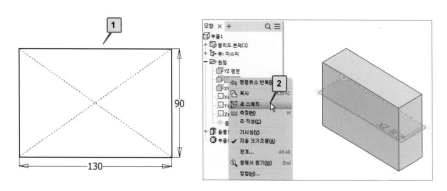

❷ F7키를 눌러 **그래픽 슬라이스** 상태로 두고 **작성** 패널에서 **호**를 선택한 다음 호의 시작점(3)과 끝점(4) 그리고 호(5)를 그린 후 크기(6)를 입력한다.

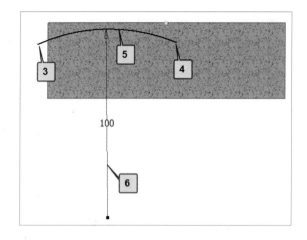

❸ 먼저 그린 호의 끝(7)을 다음 호의 시작점으로 클릭하고, 다시 호의 끝(8)을 클릭한다. 그리고 호의 값(9) 100을 입력한다.

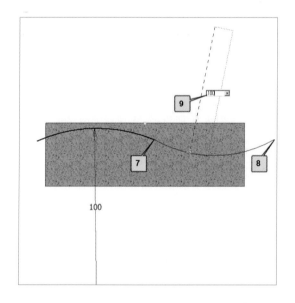

나머지 치수도 아래 그림과 같이 입력하고 두 호(10, 11)는 접선으로 구속한 후 치수를 입력하고 스케치 마무리를 한다.

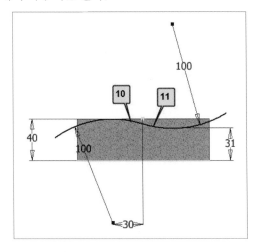

❹ **3D 모형** 탭의 **작업 피처** 패널에서 **작업 평면**(1)을 선택한 다음 오른쪽에 보이는 선의 끝(2)을 두 번 클릭하면 선의 끝에 작업 평면이 만들어진다. 이 **작업 평면**(3)을 클릭해서 **스케치 작성**(4)을 한다.

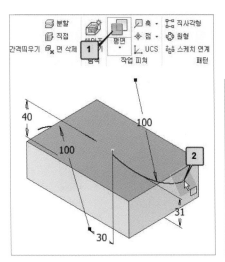
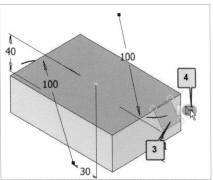

❺ 호의 왼쪽 끝(1)과 오른쪽 끝(2)을 클릭한 다음 위(3)에서 클릭하고 호의 값(4) 84를 입력하여 엔터키를 누른다.

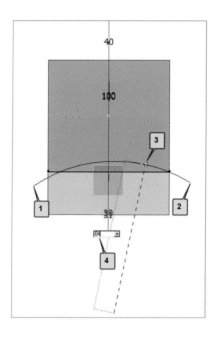

❻ **형상 투영**(5)을 선택하여 먼저 그려둔 호의 오른쪽 끝(6)을 투영시킨다. 그다음 일치 구속(7)을 선택하여 반지름 84의 호(8)와 투영시킨 호의 끝(9)을 일치시킨다.

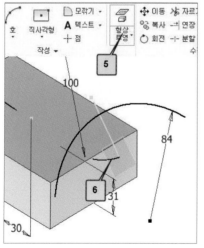
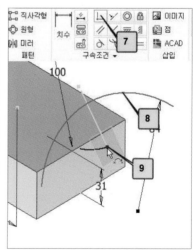

❼ 그다음 **수직 구속**(10)을 선택하여 호의 중심(11)과 먼저 그린 호의 끝점(12)을 클릭하여 수직으로 일치시킨다.

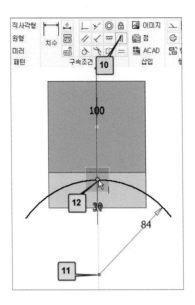

❽ **3D 모형** 탭의 **작성** 패널에서 **스윕**(1)을 선택한 다음 대화상자에서 프로파일(2)은 왼쪽의 호(3)를 선택한다. **경로**(4)는 오른쪽의 호(5)를 선택하고 확인(6)을 누르면 호를 따라 곡면이 생성된다.

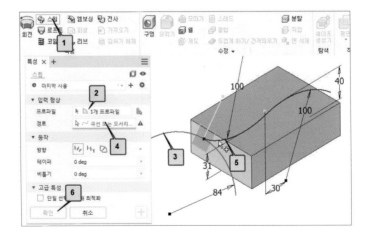

❾ 스윕을 이용한 곡면(7)이 생성되었다.

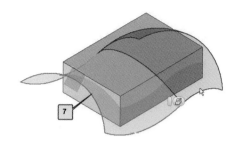

12-15. 분할 면을 따라 제거하기

앞서 만든 스윕 곡면을 이용하여 면을 분할하고 분할된 면을 따라 부품의 한쪽을 잘라낸다.

❶ **3D 모형** 탭의 **수정** 패널에서 **분할**(1)을 선택한 다음 대화상자에서 **솔리드 자르기**(2)를 선택하고 **분할 도구**(3)는 앞서 만든 스윕 곡면(4)을 선택한다. **제거**할 면(5)을 선택한 다음 **확인**(6)을 누르면 빨간 화살표가 표시된 윗부분이 제거된 부품(7)이 만들어진다.

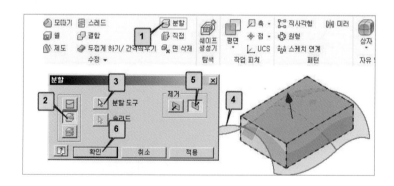

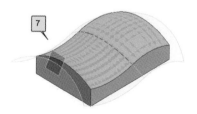

❷ 가운데 홈을 파기 위하여 **작업 평면**을 설정하고 스케치한다.

　　3D 모형 탭의 **작업 피쳐** 패널에서 **평면**(1)을 선택한 다음, 바닥 면(2)을 클릭한다. 작업 평면이 설정될 값 −10(3)을 입력하고 **확인**(4)을 눌러 작업 평면이 만들어지면 여기에 **스케치 작성**을 선택하여 직사각형(5)을 스케치하고 치수를 입력한다.

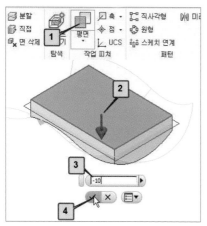 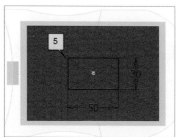

❸ **3D 모형** 탭의 **작성** 패널에서 **돌출**을 선택한 후, 대화상자에서 **프로파일**(1)은 직사각형(2)을 선택하고 방향은 **반전**(3)으로, 출력은 **잘라내기**(4), 거리는 **전체 관통**(5)으로 한 다음 **확인**(6)을 눌러 홈(7)을 만든다. 마지막으로 모깎기를 하면 모델링이 완성(8)된다.

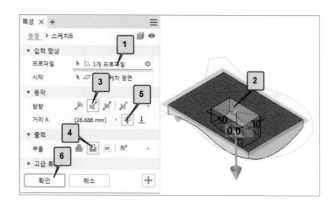

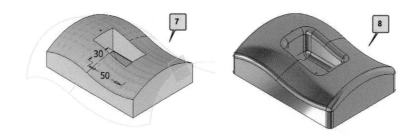

12-16. 기어 박스 모델링 하기

아래에 제시된 도면에 따라 부품을 모델링 하는 연습을 해 보도록 한다.

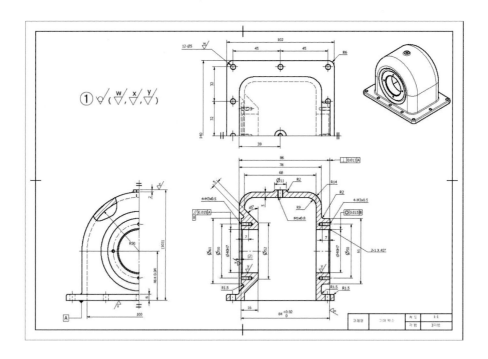

❶ 아래 그림⑴과 같이 스케치한 다음 높이 95로 돌출시킨다.

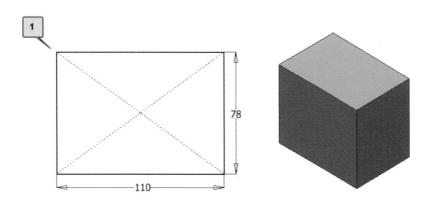

❷ R55로 모깎기⑵를 한 후, 양쪽에 다시 R14로 모깎기⑶를 한다.

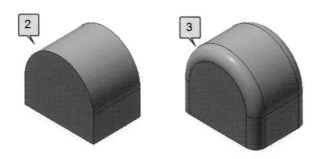

❸ 쉘 기능을 이용하여 두께 5 mm를 남기고 가운데를 제거⑹한다. 그다음 중앙에 수
   직으로 작업 평면⑺을 설정한다.

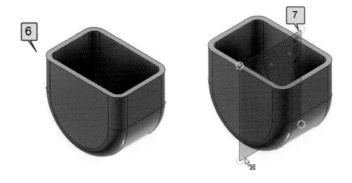

❹ 설정된 작업 평면에 아래 그림(8)과 같이 스케치한다. 여기서 폐쇄된 작은 영역(9)은 회전 기능을 이용하여 모델링 하기 위해 준비한 것이며 지름 78(10)의 치수는 다른 부분의 스케치가 끝난 후 측정된 참고 치수이다.

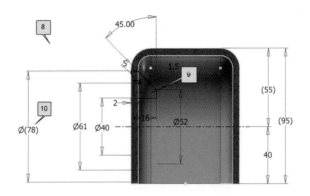

❺ 앞서 측정된 지름 78(10)을 부품의 측면에 다시 스케치(11)한 다음 돌출을 이용하여 차집합으로 잘라내기(12)를 한다.

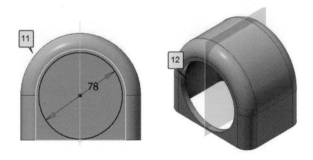

❻ 아래 폐쇄된 영역(13)을 중심축(14)을 기준으로 회전 기능으로 모델링(15) 한다. 오른쪽 그림은 회전시킨 부분을 확인하기 위하여 1/2단면 뷰(16) 보기로 처리한 것이다.

❼ 반대쪽에 지름 61로 스케치(17)하고 거리 8로 돌출(18)시킨다.

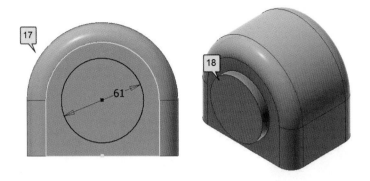

❽ 돌출 부분에 지름 40으로 스케치(19)하고 잘라내기(20)와 R2로 모깎기(21)를 한다.

❾ 다시 반대쪽에 지름 50의 스케치 원을 그린 후 90도 간격으로 점을 표시하고 M3 탭 구멍을 깊이 7까지 모델링 한다. 그다음 가운데 작업 평면(23)을 설정하고 이 작업 평면을 기준으로 대칭 기능을 이용하여 M3 탭 구멍을 모델링(24) 한다.

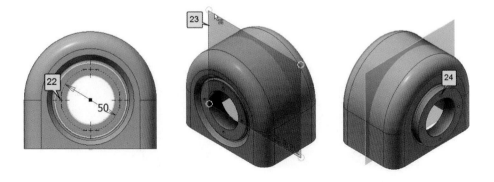

❿ 윗면에 작업 평면을 설정하여 지름 11로 스케치(25)하여 돌출시킨다. 돌출시킬 때 위쪽으로만 돌출시키면 아래의 둥근 면과 완전히 일치되지 않아서 나중에 모깎기를 할 수 없으므로 양쪽으로 비대칭 돌출(26)시켜야 한다. R2의 모깎기(27)와 M5 탭 구멍(28)을 모델링 한다.

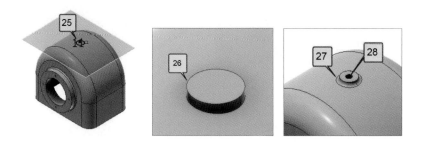

⓫ 아래 그림과 같이 아랫면에 스케치(29)한 다음 돌출(30)시킨다.

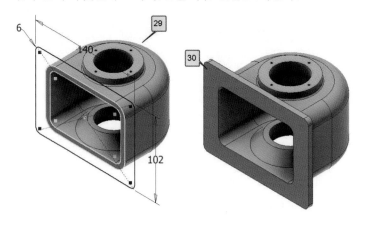

⓬ 그림과 같은 위치에 점(31)을 표시하고 지름 3 mm의 구멍(32)을 모델링 한다.

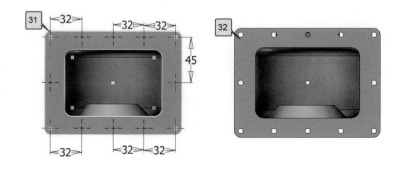

⑬ 화살표로 표시된 부분을 R1.5로 모깎기(33) 하면 모델링이 마무리된다. 모델링이 끝
나면 도면을 작성해 보도록 한다.

이 장에서는 웜과 웜휠을 모델링 한 후 조립용 지그(jig)를 이용하여 이들을 조립하고 실제와 같이 동작이 되도록 프레젠테이션을 작성한다. 아래 그림과 표는 웜과 웜휠이 조립된 모양과 요목표이다.

웜과 웜기어 요목표 (축직각)		
구분	웜	웜휠
웜줄수와 웜휠잇수	3	30
방향	오른쪽	
모듈	3	
압력각	20°	
피치원지름	28	90
진행각	18.832	–
이끝높이	3	
전체이높이	6.75	
웜 및 웜휠의 최대지름	34	100.5
목지름		96
이뿌리원	20.5	82.5
원주피치	9.425	
리드	28.275	
웜길이	48.07	–
중심거리	59	
이두께	4.71	

13-1. 웜 모델링 하기

아래 그림은 웜의 도면이다.

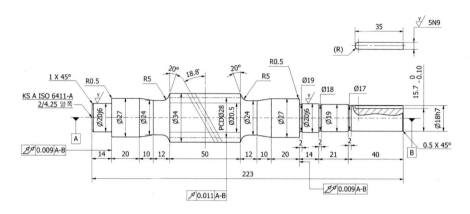

❶ 위의 도면을 참고하여 아래 그림과 같이 웜이 될 축을 스케치한다.

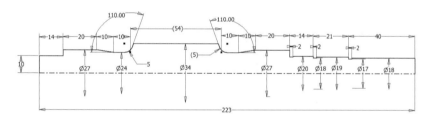

❷ 회전 기능으로 축을 원통형으로 완성한다.

❸ 뷰 탭에서 비주얼 스타일을 모서리로 음영 처리하면 모서리 선이 잘 보여서 윤곽을
선명하게 확인할 수 있다.

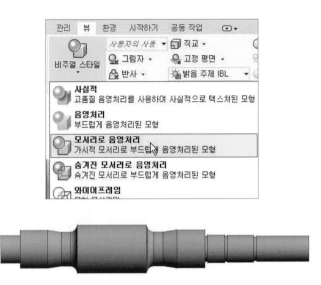

❹ 표면의 색과 질감을 바꾼다. 아래 축은 강철 연마로 렌더링한 것이다.

❹ XY 평면에 작업 평면을 설정한 다음 이끝원 φ34의 선에 일치되도록 맞추어서 아래
와 같이 스케치한다. 여기서 3은 모듈값이고 20°는 압력각이다. 그리고 4.71은 원주
피치의 절반(모듈*3.14/2)이다. 또 6.75는 모듈값의 2.25배, 즉 전체 이높이 값이다.

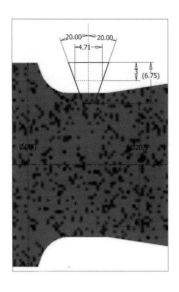

❺ 3D 모형 탭의 코일을 선택하면 코일 대화상자가 나타난다. 여기서 프로파일(1)은 방금한 스케치(2)를 선택하고 축(3)은 축의 중심(4)을 선택한다. 차집합(5)으로 잘라낸다. 그다음 코일 크기 탭(6)을 선택하여 피치(7)는 3줄이므로 원주 피치 9.425*3을 입력한다. 회전(8)은 2.4회전 정도를 하면 코일의 시작 위치(2)와 반대편의 끝나는 지점이 거의 같아진다. 모두 입력하고 확인(9)을 누르면 코일 작업에 의한 나선 홈이 완성된다.

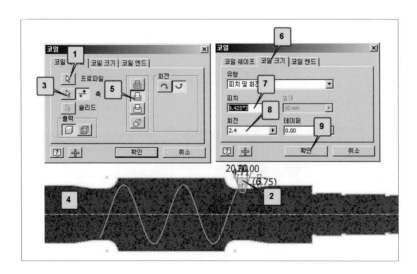

❻ 웜이 3줄이므로 나머지 2줄은 원형 패턴으로 모델링 한다. 3D 모형 탭의 패턴 페널에서 원형(1)을 선택한 다음 피쳐(2)는 앞서 만든 코일(3)을 선택한다. 축(4)은 원통면(5)을 선택하고 배치(6)는 3줄이므로 3을 입력한 다음 확인(7)을 누르면 3줄의 나사 모양이 완성된다.

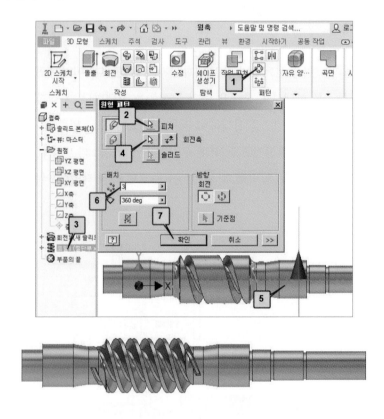

❼ 그런데 코일의 시작점과 끝나는 부분에 불완전 나사부와 같은 부분이 없이 바로 꺾여 있다. 이 부분을 나사의 불완전 나사 부분처럼 모델링 한다. 먼저 끝부분의 평면(1)을 클릭한 다음 스케치 작성(2)을 누르고 스케치 면의 선이 보이도록 절단 모서리 투영(3)을 선택한다.

❽ 3D 모형 탭의 작성 패널에서 코일을 선택하고 코일 대화상자에서 프로파일은 방금 선택한 스케치 면(2), 축(3)은 검색기 창에서 X축(4)을 선택하고 차집합(5)과 회전(6) 방향을 결정한다. 그다음 코일 크기 탭(7)에서 피치(8) 30 정도 회전(9)은 0.05회전만 시키고 테이퍼를 45도(10) 정도 한 다음 확인을 눌러 마무리한다. 나머지 부분도 이와 같은 방법과 원형 패턴 기능을 이용하여 모두 완성한다.

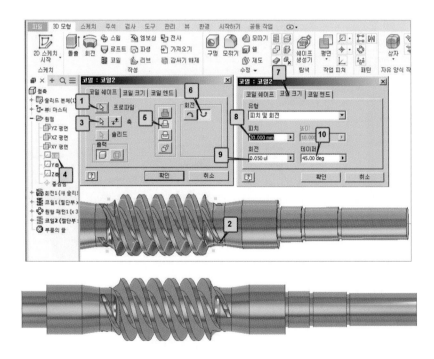

❾ 키 홈을 모델링 한다. 작업 평면(1)을 클릭한 다음 축의 원통 부분(2)을 클릭하고 다시 검색기 창에서 XZ 평면(3)을 클릭한다. 작성된 작업 평면(4)을 클릭하여 새 스케치(5)를 선택한다.

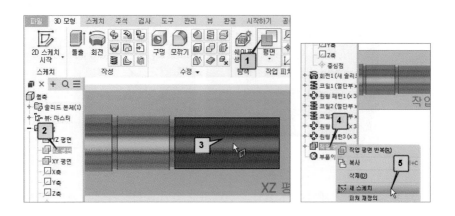

⑩ 키 홈을 스케치한 다음 돌출 대화상자에서 프로파일은 방금 선택한 스케치(1)를 선택하고 잘라내기(2)로 깊이 3만큼 제거한다. 나머지 모따기와 모깎기 작업을 마치면 웜의 모델링이 끝난다.

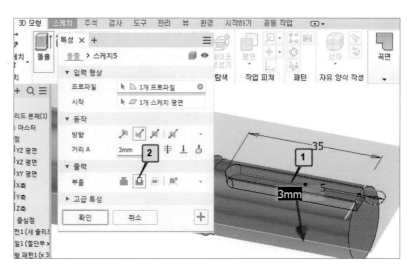

13-2. 웜휠 모델링 하기

아래 그림은 웜휠의 도면이다.

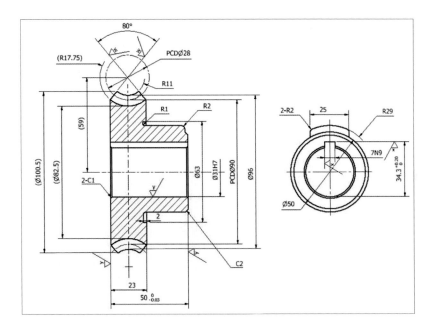

❶ 위 도면을 참고하여 XY 평면에 그림과 같이 스케치한 다음 회전 기능으로 웜휠의
외형을 모델링 한다.

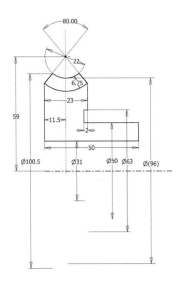

❷ 측면(1)에서 11.5 mm 떨어진 곳에 작업 평면(2)을 설정한다.

여기서 각 번호는 다음과 같다. (1) 중심 거리, (2) 피치원 지름, (3) 모듈, (4) 웜의 피치원 지름, (5) 피치원 상의 이 두께(모듈*3.14/2), (6) 전체 이높이(모듈*2.25) (7) 압력각*2 (8) 원주피치*1.5(3줄이므로 원주피치의 1.5줄이 지나가야 나선의 중심이 웜휠의 중심과 일치한다.)

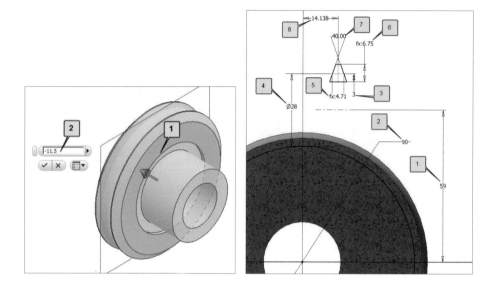

❸ 프로파일(1)은 방금 스케치한 도형(2)이고, 축(3)은 축의 중심선(4)을 선택하고, 차집합(5)으로 잘라낸다. 코일 크기 탭(6)에서 피치(7)는 원주피치*줄수, 즉 9.425*3을 입력한다. 회전(8)은 1회전만 시키고 확인(9)을 누른다.

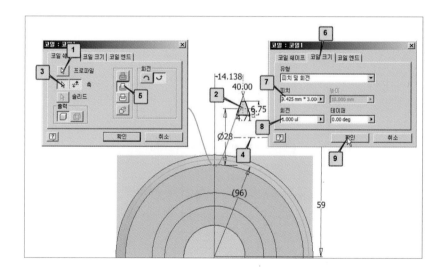

❹ 원형 패턴(1)을 선택하고 피처(2)는 앞서 모델링 한 코일(3)을 선택한다. 회전축은 원
 통면(5)을 클릭하고 배치(6)수는 잇수대로 30을 입력한 다음 확인(7)을 누르면 30개의
 이가 모델링 된다.

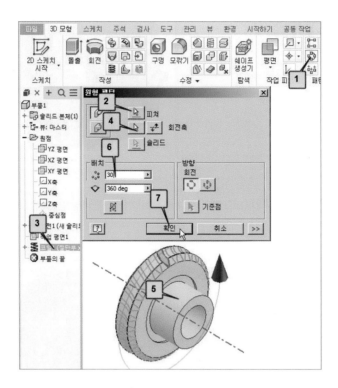

❺ 키 홈과 돌기를 모델링 한다.

❻ 모따기 및 모깎기를 한다.

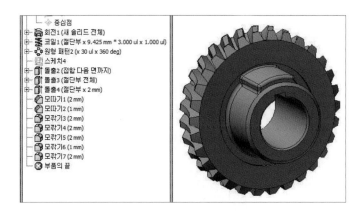

❼ 표면을 강철-주조 타입으로 렌더링 한다. 나머지도 적당한 색깔로 렌더링 하여 모델링을 마무리한다.

13-3. 조립용 지그 모델링 하기

❶ 웜과 웜휠이 조립될 일종의 지그(JIG)를 모델링 하기 위하여 아래와 같이 스케치(1)한 다음 **대칭**으로 50만큼 돌출시킨다. 이 지그는 부품이 조립될 위치를 설정하기 위하여 만드는 것이며 조립이 된 후에는 보이지 않도록 가시성을 제거하여 화면에서 감출 것이다.

❷ 돌출된 피쳐의 YZ 평면에 새 스케치(2)를 선택한다.

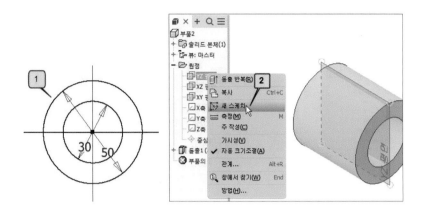

❸ 중심 거리 59(3)만큼 떨어진 곳에 안지름 30, 바깥지름 50의 원통을 그린 다음 두 중심(4, 5)을 수직(또는 수평)으로 구속시킨다. 대칭(6)으로 50만큼 돌출시키고 저장한다. 파일 이름은 "웜 조립용 지그"로 정하기로 한다.

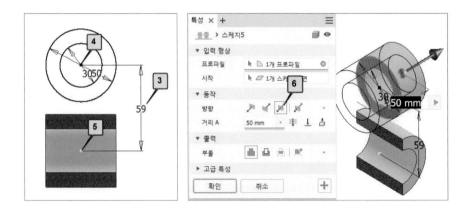

❹ 두 원통의 중간에 작업 평면(1)을 설정한다. XZ 평면(2)을 선택하면 나타나는 작업 평면(3)을 끌어 움직이면 치수 입력창(4)에 치수가 나타나는데 여기서 "0(영)"을 입력하고 확인(5)을 누르면 작업 평면(6)이 생성된다. 이 작업 평면은 조립할 때 사용될 것이다.

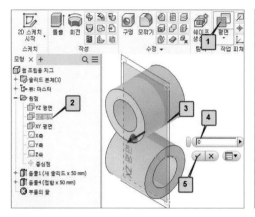
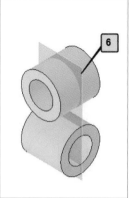

13-4. 웜과 웜휠 조립하기

❶ 새로 만들기에서 조립품을 선택한다.

❷ 배치(1)를 클릭한 다음 구성 요소 대화상자에서 "웜 조립용 지그" 파일을 찾아 열기를 누른다.

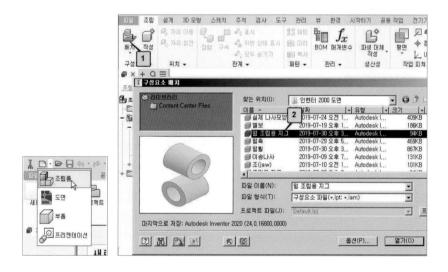

❸ 웜과 웜휠도 배치한다. 그다음 웜휠의 축선(1)과 웜휠이 조립될 지그의 축선(2)을 메이트로 조립하고 적용 버튼을 누른다. 다시 웜(3)과 지그의 축선(4)을 메이트로 조립하고 확인을 누른다.

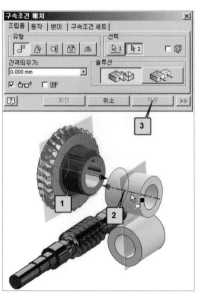

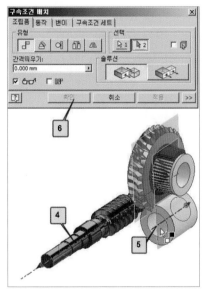

❹ 웜휠과 웜의 중간에 있는 작업 평면(1, 2)을 메이트로 구속(3)시킨다.

❺ 조립용 지그와 작업 평면의 가시성을 해제한 후 웜 조립용 지그를 고정(4)시킨다.

❻ 구속 조건에서 동작(5)을 선택한 다음 첫 번째 선택(6)은 웜휠의 중심축(7)을, 두 번째
선택(8)은 웜의 축선(9)을 선택한다. 회전비(10)는 10/1로 하고 확인을 누른다. 만약
회전 방향이 바뀌었을 경우 솔류션의 방향을 뒤로(11) 선택하면 올바른 방향으로 회
전한다.

웜휠을 마우스로 클릭한 상태에서 회전시키면 웜과 웜휠이 회전비에 맞게 회전(12)
하는 것을 확인할 수 있다. 나머지 축과 키 등을 모두 조립한 모습(13)이다. 웜(14)은
축 방향으로만 구속되어 있으므로 180도 회전하여 좌우 방향을 바꿀 수 있다.

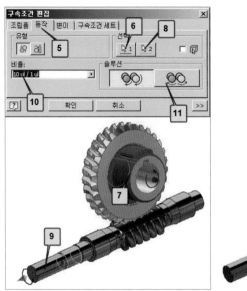

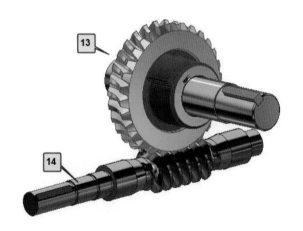

13-5. 프레젠테이션 작성하기

❶ 새로 만들기(1)에서 프레젠테이션(2)을 선택한다. 그다음 삽입 대화상자의 파일이 있
는 위치(3)에서 조립품 파일(4)을 찾아서 열기(5)를 누른다.

❷ 프레젠테이션 탭에서 구성 요소 미세 조정(1)을 선택한 후 미세 조정할 축(2)을 클릭한다. 그다음 축이 회전될 것이므로 회전(3)을 선택한다. 그리고 이 축과 함께 회전해야 할 부품들, 즉 웜휠(4), 양쪽 라운드 키(5), 한쪽 라운드 키(6)를 Ctrl키와 함께 클릭하여 모두 선택한다. 회전 도구(7)를 클릭하여 움직이면 각도(8)가 변하는데 여기서는 1바퀴를 회전시킬 것이므로 360을 입력한다. 확인(9)을 누른다.

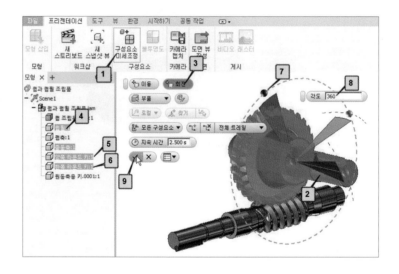

❸ 위 과정이 끝나면 화면 아래에 다음과 같은 스토리보드가 보인다. 진행 버튼(1)을 누르면 현재 스토리보드에서 동작이 재생되고 오른쪽(2)의 진행 버튼을 누르면 역순으로 진행되며 설정한 4개의 부품이 2.5초(3) 동안 동시에 회전 동작을 한다. 이들이 진행되는 동안 플레이 헤드(4)는 이동하며 시간을 초 단위로 보여준다. 시간 표시 막대(5)는 부품 4개가 같은 시간대에 있음을 보여준다.

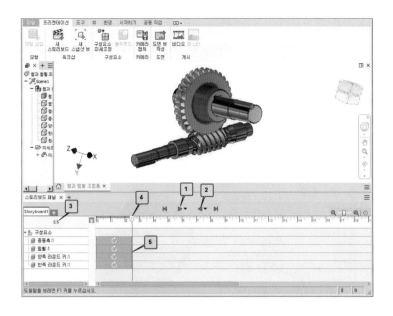

❹ 여기서 만약 스토리보드에서 종동축(1)의 시간 표시 막대를 (2)의 위치로 옮기면 웜
휠과 두 개의 키만 2.5초 동안 동시에 동작하고 종동축은 2.5초부터 5초 사이에 동
작한다.

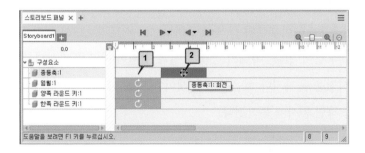

❺ 그리고 아래 그림과 같이 종동축의 시간 표시 막대를 5초(1)까지 늘리면 다른 부품은
2.5초만에 동작이 종료되지만 종동축은 5초 동안 동작한다.

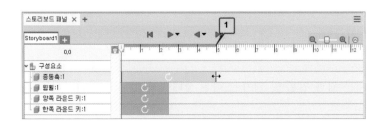

❻ 원동축과 키를 회전시킨다. 앞에서와 같은 방법이다. 구성 요소 미세 조정(1)을 선택한 후 웜축(2)을 클릭한다. 다음 회전(3)을 선택하고 웜축과 함께 회전할 원동축 작은 키(4)를 Ctrl키를 누른 상태에서 클릭하여 동시에 선택한다. 그다음 회전 도구(5)를 클릭하고 움직여서 각도(6) 3600도(10회전)를 입력하고 확인(7)을 누른다.

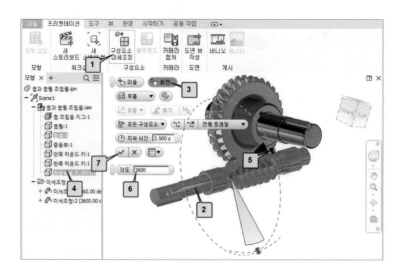

❼ 이때 만약 플레이 헤드가 2.5초에 위치한 상태에서 구성 요소 미세 조정을 하면 이들 부품들은 2.5초 이후부터 동작이 구현되므로 스토리보드의 시간 표시 막대는 아래 그림(1)과 같이 된다. 이때의 동작은 웜과 웜휠이 따로 동작한다. 이들은 끌어서(2) 동작 시점을 옮기거나 처음부터 플레이 헤드를 시작 지점(3)으로 이동시켜서 미세 조정을 하면 동시에 동작된다.

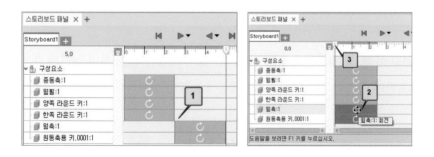

여기까지는 웜과 웜휠 및 키가 조립된 상태에서 10:1의 회전비에 맞추어 동작되도록 하였다.

❽ 지금부터는 분해를 해 본다.

구성 요소 미세 조정(1)을 선택한 후 웜축(2)과 키(3)를 Ctrl키와 동시에 눌러 두 부품을 동시 선택한다. Y축(4)을 잡고 30정도까지 끌거나 숫자를 직접 입력한 후 확인을 누른다.

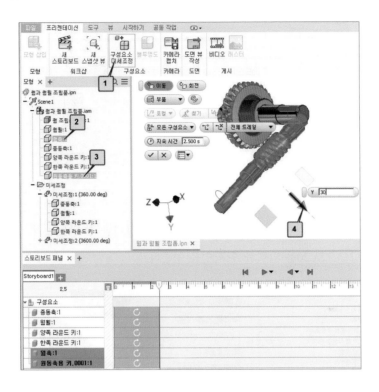

스토리보드의 구성 요소 앞에 • 표시(1)를 클릭하면 구성 요소의 시간 표시 막대(2)는 동작별로 구분되어 표시(3)된다.

❾ 그런데 여기서 웜과 웜휠의 회전 동작이 이루어진 후 2초 정도 멈추었다가 분해되도록 해 보자. 먼저 플레이 헤드를 4.5초(1) 구간으로 이동한 다음 해당 구성 요소의 시간 표시 막대를 마우스로 클릭하여 이동하면 회전 동작이 2초간 멈춘 후 분해 동작이 시작된다.

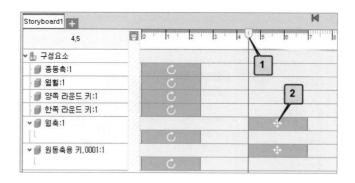

원동축용 키를 분해한다. 구성 요소 미세 조정을 선택한 후 원동축의 키(1)를 클릭하고 Z 방향(2)으로 20을 입력한 후 확인을 누른다.

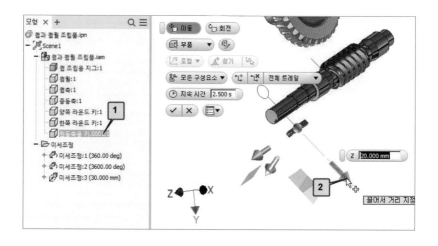

❿ 지금까지의 작업한 상태에서 현재 스토리보드 재생(1)을 클릭하면 2.5초 동안에 웜과 웜휠의 키가 10회전, 그리고 웜휠에 딸린 부품들이 모두 1회전을 한다. 그다음 2초정도 멈추었다가 웜과 키가 웜휠에서 분리된 후, 다시 키가 웜축에서 분리되는 동작이 재생된다.

⑪ 같은 요령으로 종동축에 조립된 부품들을 적당한 거리를 두고 분해되도록 구성 요소를 미세 조정한 후 스토리보드를 재생하면 아래 그림과 같은 모양을 확인할 수 있다. 스토리보드를 반대로 재생시키면 부품이 조립되어 동작되는 모습을 볼 수 있다.

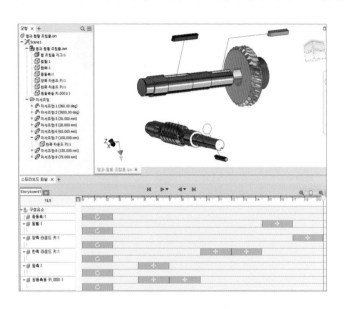

⑫ 여기서 검색기 창(1)을 마우스로 클릭한 상태에서 화면의 다른 이동하거나 다시 원래 있던 곳(2)으로 이동할 수 있다. 또 스토리보드 패널(3)도 마우스로 클릭한 상태에서 다른 화면으로 이동하거나 원래 있던 곳(4)으로 이동할 수도 있다.

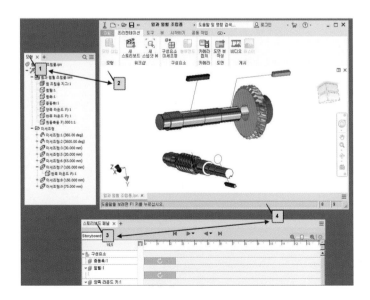

14 프레임 작성하기

14-1. 부품 파일 만들기

가로 500, 세로300, 높이 400이 되도록 육면체(1)를 모델링 한 다음 프레임.ipt로 파일을 저장한다.

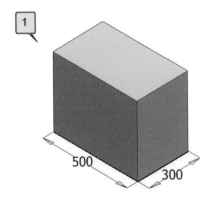

14-2. 조립품 파일 만들기

프레임 생성을 위하여 **새로 만들기-조립품**을 클릭한다. 그다음 **조립** 탭에서 **배치**를 선택한 후 앞서 작성한 프레임.ipt 파일을 열어 화면에 배치한다. 설계 탭에서 프레임 삽입(1)을 클릭하면 조립품 문서를 저장하라는 안내 멘트가 나온다. 조립품 이름도 **프레임 조립품**.iam으로 정하여 저장한다.

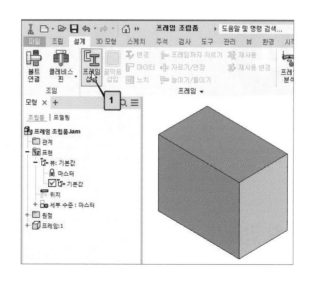

14-3. 프레임 삽입하기

❶ 조립품의 이름이 저장되면 즉시 프레임의 크기와 종류를 선택할 수 있는 대화상자
(1)가 나타난다. 규격과 크기 등을 선정한 다음, 부품에서 프레임을 삽입하고자 하는
모든 모서리(2)를 클릭하고 확인을 누른다. 새 프레임 작성 대화상자에서 파일 이름
과 저장할 위치(3)를 설정하고 확인을 누르면 또 각각의 프레임에 대해 이름을 정할
수 있는 대화상자가 나타난다. 특별히 정할 이름이 없으면 확인을 누른다.

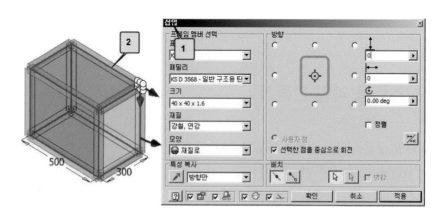

❷ 프레임 삽입이 되었지만 앞서 모델링 한 육면체가 함께 보인다. 이것은 검색기 창에서 해당 부품(1)을 마우스 오른쪽 클릭하여 가시성(2)에 체크를 빼 주면 프레임만(3) 보이게 된다.

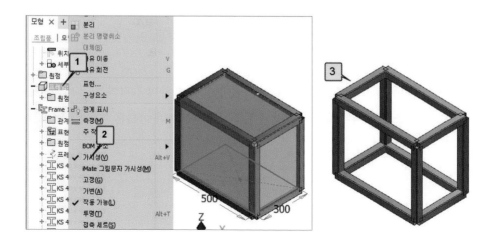

❸ 다른 방법으로 프레임 작성을 위한 부품 파일을 작성해 본다.

먼저 그림⑴과 같이 사각형을 그린 다음 스케치 마무리를 누른다. 그다음 **3D 모형 탭**의 **작업 피처** 패널에서 **평면**을 선택한다. 이어서 검색기 창의 **XY 평면**⑵을 클릭한 후 바닥으로부터 거리 400⑶을 입력하고 확인⑷을 누른다.

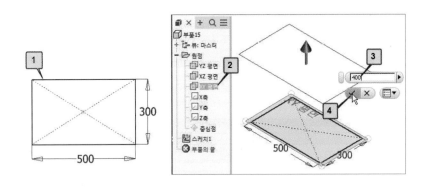

❹ 검색기 창에서 스케치⑸를 마우스 오른쪽 클릭하여 복사⑹를 한 후 검색기 창의 작업 평면⑺을 마우스 오른쪽 클릭하여 붙여넣기⑻를 한다.

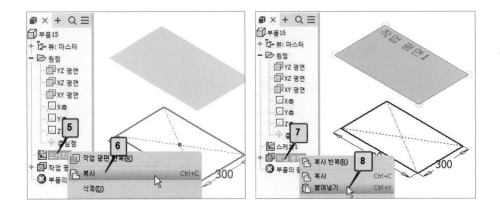

❺ **2D 스케치**⑼를 **3D 스케치**⑽로 바꾼 다음 **선**을 이용하여 각각의 꼭짓점(11, 12)들을 연결하고 **스케치 마무리**하여 저장한다. 저장할 때 파일 이름은 "프레임 선으로 작성.ipt"로 정한다.

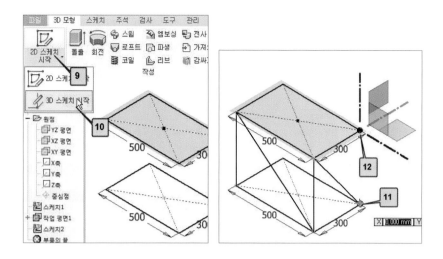

❻ 새 파일 작성에서 조립품(13)을 선택한다.

조립 탭에서 프레임을 작성할 부품 배치(14)를 선택하고 파일을 찾아 열기를 한다.

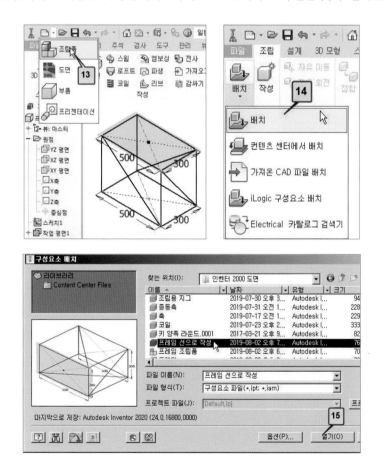

❼ **설계**(16)탭에서 **프레임 삽입**(17)을 선택하면 지금 조립될 조립품의 파일 이름을 정하고 저장하라는 멘트가 나타난다. 여기서 "선으로 작성한 프레임"(18)이라고 이름을 정한 다음 **저장**을 누른다.

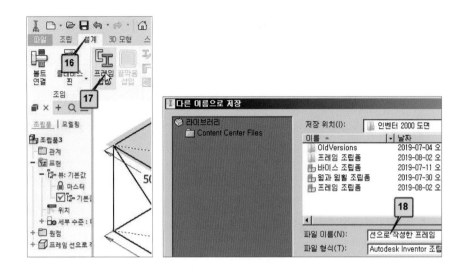

❽ 저장을 누르면 곧바로 프레임의 삽입 대화상자가 나타나는데 여기에 크기 등을 모두 지정한 뒤 모든 선들을 선택하고 확인을 누르면 프레임이 작성된다. 나머지 과정은 앞의 방법과 동일하다.

14-4. 프레임에서 마이터/자르기/연장 작업하기

❶ 프레임 멤버 간의 끝 처리로 마이터 절단을 적용한다. 마이터(1)를 선택한 다음 두 멤버 간의 간격(2)을 설정한 후 마이터 처리할 두 개의 멤버(3, 4)를 선택하여 확인을 누르면 마이터 절단이 적용(5)된다. 위, 아래의 프레임은 모두 마이터 처리한다.(6)

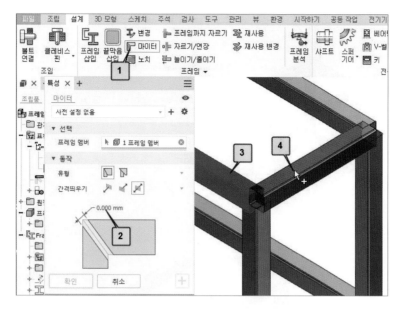

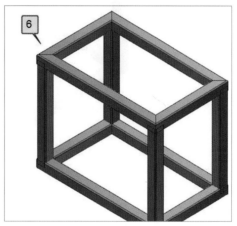

❷ 세로 방향의 프레임이 가로 방향의 프레임과 겹쳐져 있다. 그래서 겹쳐지는 부분만
큼 잘라내기를 한다. 자르기/연장(1)을 선택한 다음 프레임 멤버 선택 단추(2)를 누른
다. 그다음 자르기 할 프레임 멤버들(3)을 선택하고 자를 기준 면 선택 단추(4)를 누
른 다음 아랫면(5)을 선택한 후 적용을 누르면 세로 방향의 프레임들은 선택된 면과
같은 길이로 자르기 된다. 뒤집어서 반대 방향도 자르기 하면 마무리(6)된다.
마지막으로 저장을 하면 "종속 항목에 대한 변경 내용의 저장 여부"를 묻는데 "전부
예" 하고 "확인"을 눌러 저장한다.

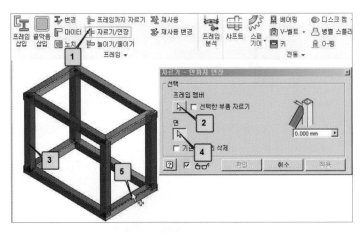

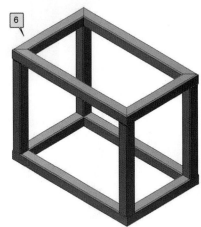

❸ 아래 그림은 사각 파이프가 스케치 된 선의 어느 위치에 놓일 것인가를 설정하는 것
인데, 예를 들어 방향에서 오른쪽 아래(1)를 선택하면 사각 파이프의 오른쪽 아래가
스케치 된 선과 일치(2)하게 놓이게 된다. 가운데(3)는 스케치 선과 일치하는 선이다.

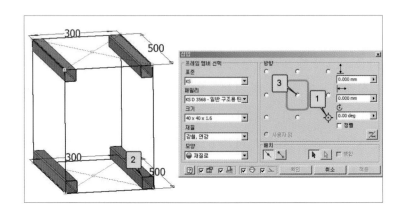

❹ 아래 그림⑶은 스케치한 선이 사각 파이프의 바깥쪽에 위치하도록 프레임의 방향을
선택하여 모델링 한 것이다.

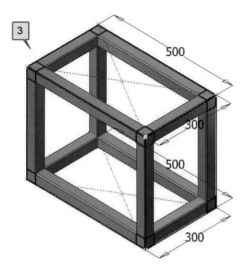

❺ 아래 그림은 사각 파이프의 중심이 스케치한 선과 일치되도록 모델링 한 것을 도면
화한 것이다.

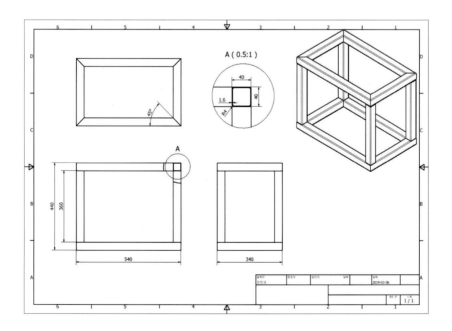

15 표준품을 콘텐츠 센터에서 불러와 조립하기

다음 도면 중 부품 번호 1, 3, 4는 다음 장의 "생산자동화 산업기사 기출문제 연습-2"에 있는 과정을 참고하여 모델링을 한다. 그리고 부품 2, 8, 11, 12는 이 장에서 제시한 도면을 보고 모델링 해서 저장해 두어야 조립 실습을 할 수 있다. 나머지 부품들은 규격화된 것들로서 일반 시중에서 쉽게 구매할 수 있다. 그리고 이러한 부품들은 인벤터 프로그램의 콘텐츠 센터에 저장되어 있으므로 불러서 사용하도록 한다.

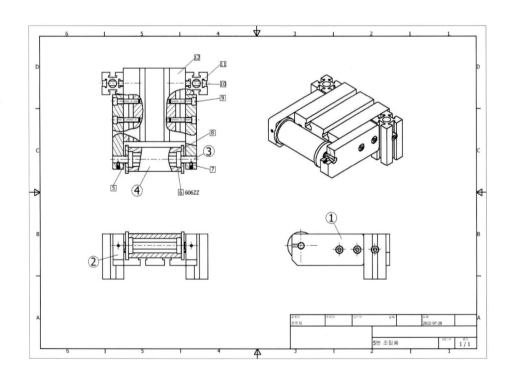

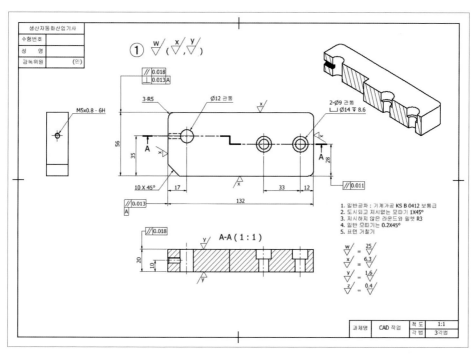

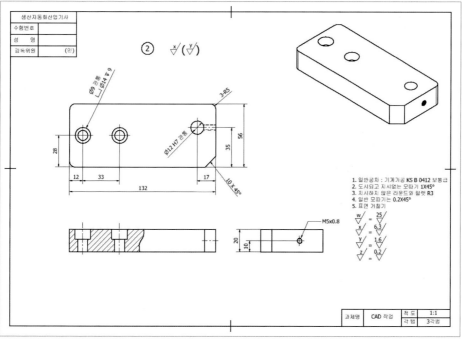

273

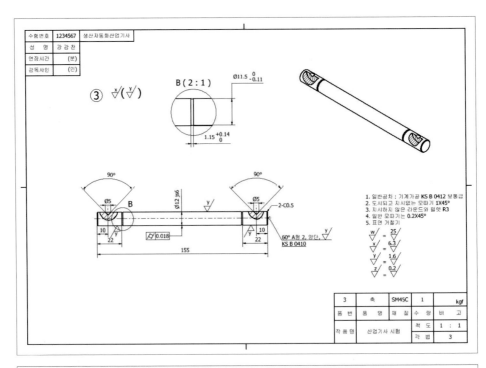

③ $\frac{x}{\nabla}(\frac{y}{\nabla})$

B (2 : 1)

Ø11.5 $^{0}_{-0.11}$

1.15 $^{+0.14}_{0}$

90°   90°

Ø5   Ø5

Ø12 js6

B   y   2-C0.5

10   10

22   22

0.018   60° A형 2, 양단,
KS B 0410

155

1. 일반공차 : 기계가공 KS B 0412 보통급
2. 도시되고 지시없는 모따기 1X45°
3. 지시하지 않은 라운드와 필릿 R3
4. 일반 모따기는 0.2X45°
5. 표면 거칠기

$\frac{w}{\nabla}$ = 25
$\frac{x}{\nabla}$ = 6.3
$\frac{y}{\nabla}$ = 1.6
$\frac{z}{\nabla}$ = 0.2

3	축	SM45C	1		kgf
품 번	품 명	재 질	수 량	비 고	
작품명		산업기사 시험	척 도	1 : 1	
			각 법	3	

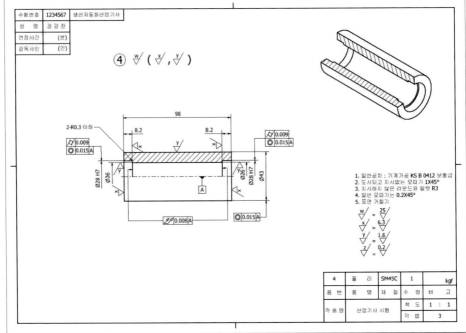

④ $\frac{w}{\nabla}(\frac{x}{\nabla},\frac{y}{\nabla})$

98

8.2   8.2

2-R0.3 이하

0.009
0.015 A

0.009
0.015 A

Ø28 H7
Ø26

Ø26
Ø28 H7
Ø43

A

0.008 A   0.015 A

1. 일반공차 : 기계가공 KS B 0412 보통급
2. 도시되고 지시없는 모따기 1X45°
3. 지시하지 않은 라운드와 필릿 R3
4. 일반 모따기는 0.2X45°
5. 표면 거칠기

$\frac{w}{\nabla}$ = 25
$\frac{x}{\nabla}$ = 6.3
$\frac{y}{\nabla}$ = 1.6
$\frac{z}{\nabla}$ = 0.2

4	풀 리	SM45C	1		kgf
품 번	품 명	재 질	수 량	비 고	
작품명		산업기사 시험	척 도	1 : 1	
			각 법	3	

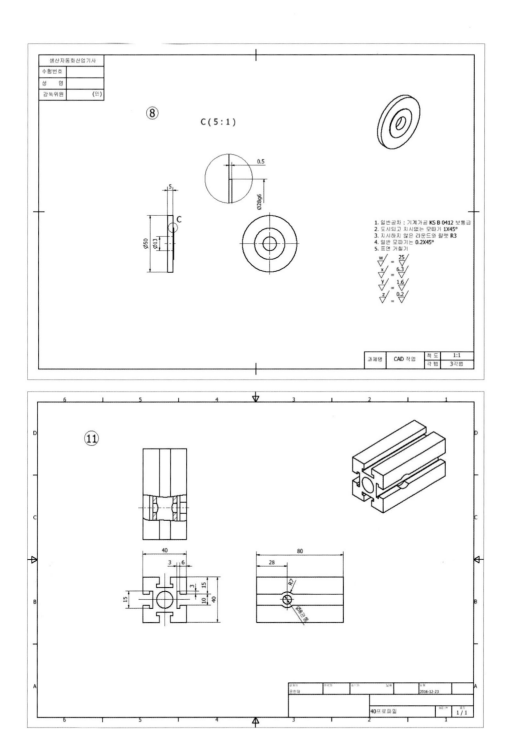

⑧ C (5 : 1)

0.5

Ø28g6

5

C

Ø50

Ø13

1. 일반공차 : 기계가공 KS B 0412 보통급
2. 도시되고 지시없는 모따기 1X45°
3. 지시하지 않은 라운드와 필렛 R3
4. 일반 모따기는 0.2X45°
5. 표면 거칠기

	w	=	25
	x	=	6.3
	y	=	1.6
	z	=	0.2

| 과제명 | CAD 작업 | 척 도 | 1:1 |
| | | 각 법 | 3각법 |

⑪

| 40 |
| 3 | 6 |
| 3 |
| 15 |
| 10 | 40 |
| 15 |

| 80 |
| 28 |
| R7 |
| Ø8 |

					2016-12-23
		40프로파일			1 / 1

275

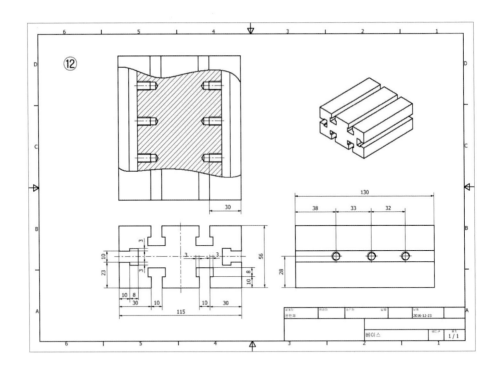

아래 그림⑴은 조립이 완성된 것이고 그 아래 그림⑵은 1/2 단면 보기를 한 상태이므로 조립된 상태의 그림을 대강이라도 기억하면 좋겠다. 그리고 여기서 조립된 순서는 설명을 위한 것으로써 실제 부품을 조립하는 것과 차이가 있을 수 있다.

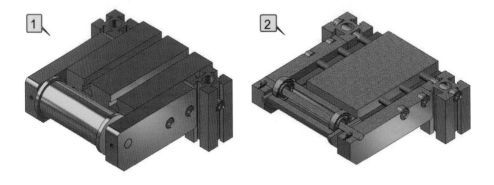

15-1. 조립하기

❶ 새로 만들기에서 조립품을 선택한다.

조립 탭의 구성 요소 패널에서 배치를 선택하여 부품 12번, 1번, 2번을 각각 배치하고 조립하기 쉬운 상태로 자세를 변경한 다음 구멍 (1), (2)에 맞추어 조립한다. 반대쪽 부품 2번도 같은 요령으로 오른쪽 그림(4)과 같이 조립한다.

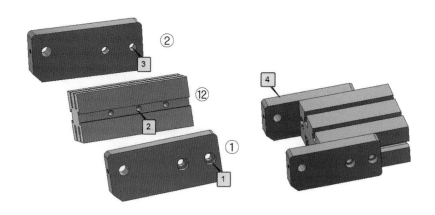

❷ 11번 부품 2개를 왼쪽 아래 그림(5)과 같이 배치한 다음 오른쪽 그림(6)과 같이 조립한다.

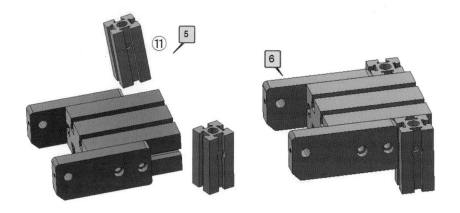

15-2. 콘텐츠 센터의 부품을 불러서 배치하고 조립하기

❶ 콘텐츠 센터에서 M8, 길이 40의 육각 홈붙이 머리 볼트 4개를 아래 그림에서 번호 순서(1~5)에 따라 배치(6)한 다음 조립(7)한다.

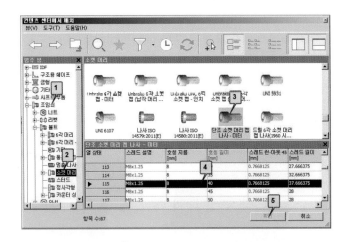

❷ 콘텐츠 센터에서 M8, 길이 60의 육각 홈 붙이 머리 볼트 2개를 배치한 후 조립(8)한다.

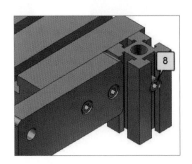

❸ 뷰 탭의 모양 패널에서 반 단면도(1)를 선택한 다음 모델링 된 면의 위를 잡고 아래로 끌어내린 다음 확인(2, 3)을 누르면 반으로 잘린 단면이 나타나며 이 상태에서 볼트의 조립 상태를 확인(3) 할 수 있다. 확인이 끝나면 단면도 뷰 종료(5)를 누른다.

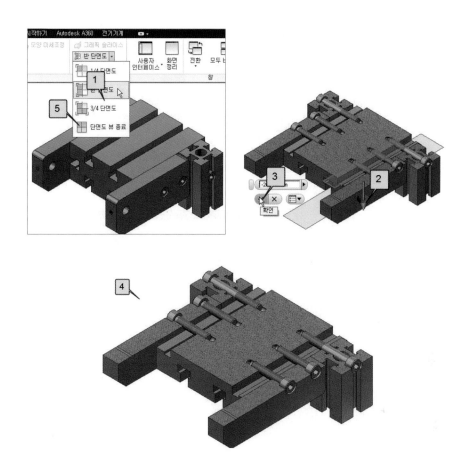

❹ 부품 4번 풀리(1)를 배치한 다음 베어링(2)을 콘텐츠 센터에서 불러 조립(3)한다.

콘텐츠 센터에서 베어링을 찾는 방법은 아래 그림의 번호 (1~6)와 같은 순서로 찾는다.

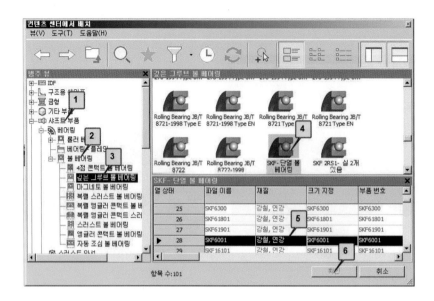

❺ 부품 번호 8번 베어링 커버 2개를 배치(1)하고 조립하기 쉬운 상태로 자세를 변경한 후 조립(2)한다.

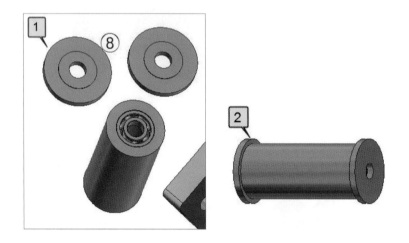

❻ 부품 번호 3번 축을 배치(1)한 다음 멈춤 링(2)은 콘텐츠 센터에서 아래 그림의 번호 (1~6) 순서대로 명칭과 규격을 찾아 2개를 배치한 후 조립(8)한다.

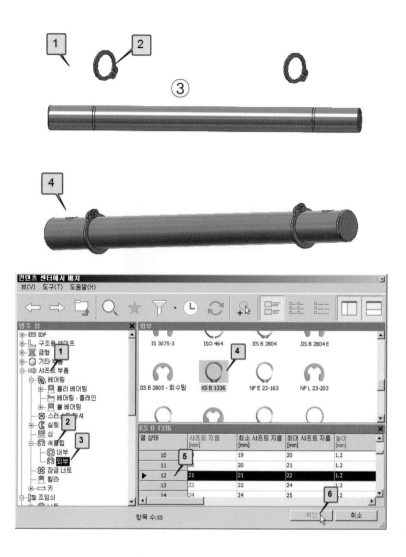

❼ 조립된 풀리와 축을 다시 조립(1)한다.

❽ 축이 조립된 풀리의 축선(1)과 먼저 조립된 부품의 구멍의 축선(2)이 일치되도록 조
   립한 다음, 축의 단면(3)과 브라켓의 단면(4)이 서로 같은 방향을 보도록 조립한다.

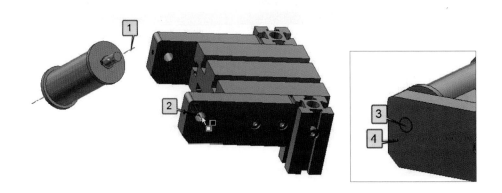

❾ 콘텐츠 센터에서 멈춤 나사를 아래 그림의 번호(1~6)에 따라 선택한 뒤 2개를 배치한
   다음 나사 구멍(8)에 조립한다. 그런데 브라켓에 가려서 멈춤 나사의 뾰족한 부분과
   조립될 상대 구멍이 보이지 않는다. 이때는 가려지는 부품의 가시성을 제거(9)한 다
   음 조립(10)하면 된다. 반 단면도 뷰(11)를 통하여 베어링, 멈춤링, 멈춤 나사 등이 모
   두 정상적으로 조립된 것을 확인할 수 있다. 맨 아래 그림(12)은 모든 조립이 완료된
   상태이다.

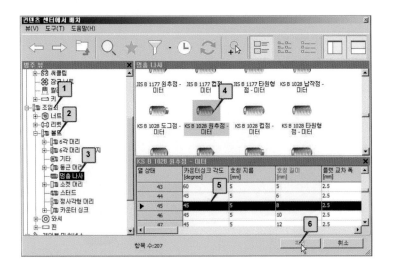

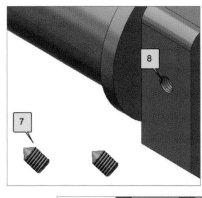

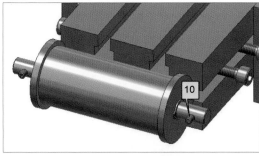

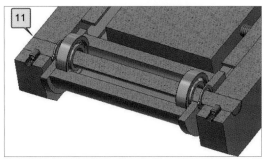

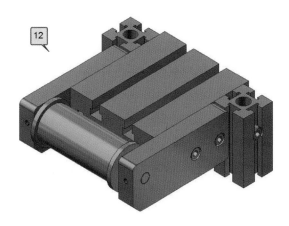

생산자동화 산업기사
기출문제 연습하기

　　생산자동화 산업기사 시험은 다음과 유사한 과제를 제시하고 그중 하나의 부품을 버니어 캘리퍼스나 자로 측정하여 측정한 치수와 동일하거나 2배 크게 그릴 것을 요구하며, 정면도, 측면도, 평면도를 그려야 하고, 3D 형상의 입체도를 그려야 한다. 그리고 반드시 3각법으로 그릴 것을 요구한다.

　　또한, 부품에 나사부가 있을 경우 나사의 형상은 실물 모양의 3차원으로 등각투상을 해야 하며, 2D 도면에는 KS의 규정에 따라 투상하도록 요구하고 있다. 그리고 도면 작성에 필요한 모든 요소(치수공차, 기하공차, 표면 거칠기, 표면의 결 등)를 기입할 것을 요구한다.

　　2배 크게 그려야 하는 경우에는 6종류 배율의 눈금이 새겨진 200 mm짜리 삼각 스케일의 눈금 중에서 1/200m 눈금을 이용하면 편리하다.

　　다음에 제시한 부품 1(브라켓), 2(부시), 3(L-브라켓)번 중에 지정하는 하나만 그려서 제출하지만 여기서는 부품 1 및 2, 3을 각각 위 요구 조건에 맞도록 모델링 한 후 도면을 작성해 보기로 한다.

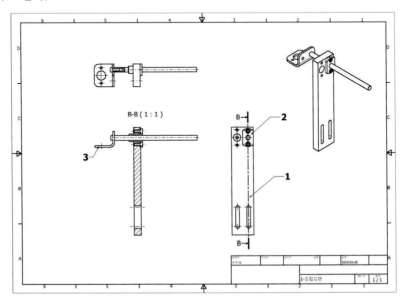

1-1. 부품 1번 모델링 하기

부품 1을 직접 자를 이용하여 측정한다. 만약 측정한 값이 25.5로 측정되었다면 지름의 경우 25로, 길이의 경우 24 또는 26으로 입력하는 것이 좋다.

그리고 제시된 도면을 자를 이용하여 측정하였으면 곧바로 도면에 측정값을 기입해 두어야 모델링 한 후 도면에 치수를 기입할 때 누락하는 오류를 방지할 수 있다. 아래 도면의 치수는 자를 이용하여 직접 측정한 값이다.

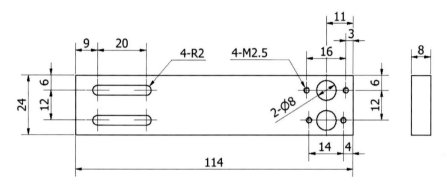

❶ 측정값의 두 배 크기로 먼저 모델링 하기로 한다. 모델링 한 다음 파일명은 "브라킷"으로 저장할 것이다.

먼저 직사각형을 스케치한 다음 치수를 입력한다. 이때 측정값의 2배를 계산하기 복잡하면 직접 수식⑴으로 입력해도 된다. 치수 입력이 끝나면 두께 16만큼 돌출시킨다.

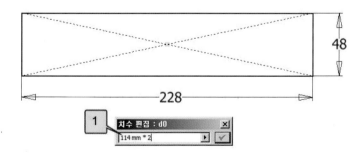

❷ 돌출된 평면에 아래와 같이 2배 크기의 치수로 스케치한다. 먼저 왼쪽의 키 홈처럼 생긴 긴 구멍은 **슬롯** 기능(2~5)을 이용하여 스케치(6)하고 오른 쪽의 큰 구멍(7)은 원 그리기를 이용하여 스케치한다. 대칭선(8)을 그려서 아래쪽으로 대칭시킨다. 탭 구 멍(9)은 M5이므로 탭 내기 구멍 지름 4.1로 스케치한다.

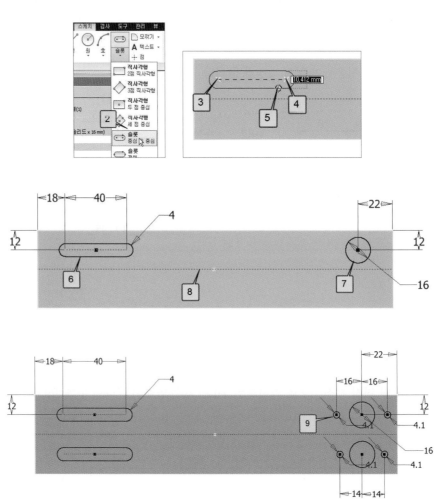

❸ 모든 구멍들을 **차집합**으로, **범위**는 **전체**(10)를 선택하여 **확인**을 누르면 구멍이 아래 그림(11)과 같이 모델링 된다.

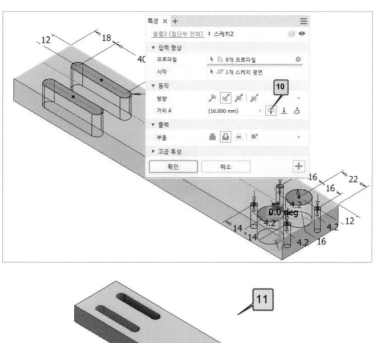

❹ 4개의 구멍(1)은 양쪽으로 모두 모따기를 한다. 여기에 나사 모양으로 코일 작업을 할 것이므로 미리 모따기를 해 두지 않으면 코일 작업이 끝난 다음에는 모따기가 올바르게 되지 않는다. 모서리를 모두 선택하였으면 거리를 0.5(2)로 입력하고 **확인**(3)을 누른다.

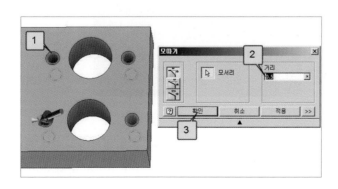

❺ 나사 모양을 코일 작업하기 위하여 **작업 평면**(1)을 선택해서 오른쪽 측면(2)을 클릭한 다음 마우스를 왼쪽(3)으로 끌고 가거나 값(4)을 −6으로 입력하고 **확인**(5)을 누른다. 그런 다음 작업 평면이 만들진 곳(6)을 클릭한 다음 **스케치 작성**(7)을 누른다.

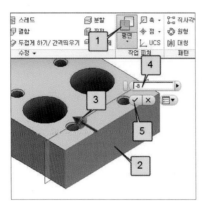 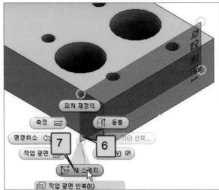

❻ F7키를 눌러 **그래픽 슬라이스** 상태로 두고 **절단 모서리**를 **투영**시킨다.

세로 선(1)을 긋고 세로 선의 중심에 축이 될 선(2)을 긋는다. 그다음 가로 선(3)을 그린 후 삼각형(4)을 그려서 치수를 입력한다. 치수 0.79는 피치 0.8보다 작아야 코일 작업에서 겹치지 않기 때문이다. 삼각형의 왼쪽 모서리(5)를 부품의 오른쪽 측면(6)과 **일치 구속**시킨다.

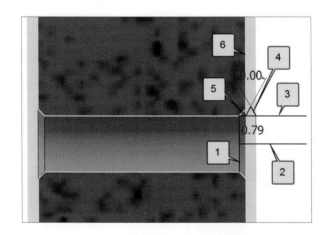

❼ **모형** 탭의 **작성** 패널에서 **코일**을 선택한다. 코일 대화상자에서 **프로파일**(1)은 삼각형(2), **축**(3)은 축선(4), **차집합**(5)을 선택한다. 만약 코일의 방향이 반대로 되었다면 축

의 방향(6)을 클릭하여 코일이 부품의 안쪽으로 진행하도록 한다. 그다음 **코일 크기** (7) 탭을 누른다. **피치**(8) 0.8, **회전**(9) 22를 입력하고 **확인**(10)을 누르면 코일(11)이 완성된다.

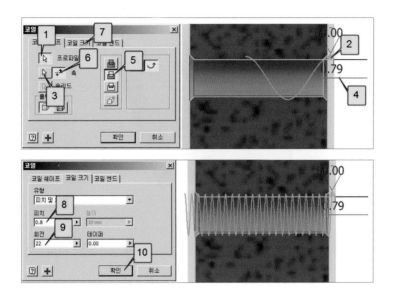

❽ 반 단면도 뷰를 통하여 확인한다. **뷰**(1) 탭의 **모양** 패널에서 **반 단면도**(2)를 선택한 다음 부품의 측면(3)을 클릭한 상태에서 마우스를 안쪽으로 끌고 가거나, 대화창에 −12(4)를 입력한 다음 확인(5)을 누르면 코일 기능을 이용하여 나사가 모델링 된 것을 확인할 수 있다. 확인이 끝나면 **단면도 뷰 종료**(7)를 누른다.

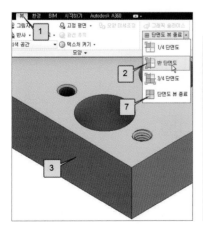
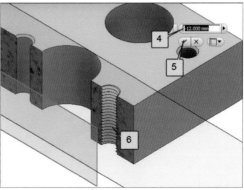

❾ 방금 모델링 한 코일⑴과 동일한 크기의 코일을 맞은편⑵에도 모델링 한 다음 오른쪽 측면에서 −22만큼 떨어진 곳에 대칭 작업을 수행하기 위한 작업 평면⑶을 설정한다.

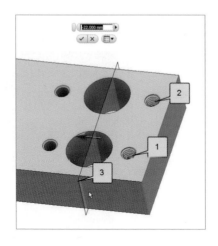

❿ **3D 모형** 탭의 **패턴** 패널에서 **미러**를 선택한다. 대화상자에서 **피쳐**는 앞서 만든 두 개의 코일⑸, ⑹을 선택하고 **대칭 평면**⑺은 작업 평면⑻을 선택한 후 **확인**⑼을 누르면 대칭 작업이 완료⑽된다. 모델링 작업은 모두 끝났다. 파일 명을 "브라켓"으로 정하고 저장한다.

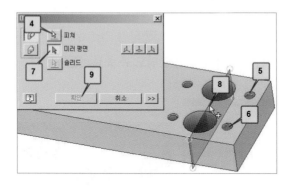

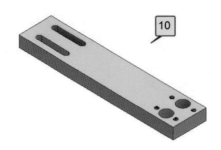

1-2. 부품 1번 도면 작성하기

❶ 도면에 부품을 세워서 그리면 불안해 보이므로 긴 물체는 가로 방향으로 놓고 그리며, 선반이나 밀링 머신 등에서 가공하는 물체는 기계에 공작물이 고정되는 방향으로 그리는 것이 일반적이다. 그래서 부품을 아래 그림과 같은 자세로 바꾼다. 바른 자세(1)로 바꾼 다음, **뷰 큐브**의 오른쪽 아래에 역삼각형 모양의 **상황에 맞는 메뉴**(2)를 클릭하여 **현재 뷰를 다음으로 설정**(3), **평면도**(4)로 설정을 정한다.

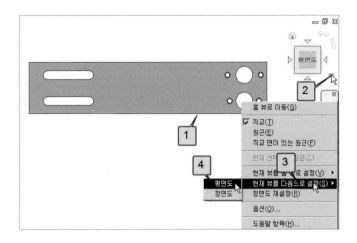

❷ **새로 만들기**에서 **도면**을 선택한다. **관리** 탭의 **스타일 및 표준** 패널에서 **스타일 편집기**를 선택하여 대화상자를 열고 대화상자의 왼쪽 위에 **기본 표준**(1)을 선택한다. **일반**(2) 탭에서 **십진 표식기**를 **마침표**(3)로 선택한다.

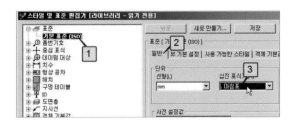

뷰 기본 설정(4) 탭에서 **투영 유형**은 **삼각법**(5)을 선택하고 **저장**(6)을 누른다. 여기서 설정하는 모든 스타일은 읽기 전용이므로 새로운 도면을 작성할 때마다 설정과 저장을 해야 한다.

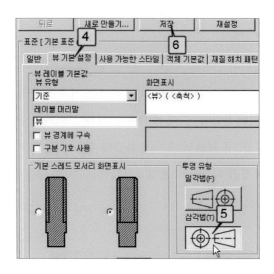

다음은 치수에 대한 설정을 한다.

❸ **단위** : 치수 앞의 +기호를 클릭해서 **기본값**(ISO)(1)을 선택한 다음 단위 탭(2)을 클릭한
다. 십진 표식기(3)는 마침표, 정밀도(4)는 소수 둘째 자리까지, 각도는 도-분-초(5),
정밀도는 도 단위까지(6), "25.40"은 "25.4"와 같이 소수점 아래에는 "0"이 표시되지
않도록 후행에 체크하지 않고, ".25"는 "0.25"와 같이 숫자의 앞에만 표시하도록 선
행(7)에만 체크, 각도 역시 선행(8)에만 표시하도록 하고 저장(9)을 누른다.

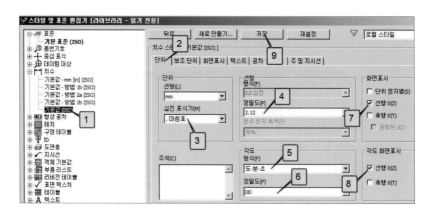

❹ **화면 표시**(1): 치수 보조선은 치수선보다 3 mm 밖으로(2), 치수 보조선의 시작은 도형의 외형선에서 0.5 mm 간격을 띄우고(3), 치수선과 문자는 0.5 mm 간격으로(4), 치수선과 치수선은 8 mm 간격으로(5), 부품의 외형선에서 치수선까지는 간격을 10 mm 띄우도록(6) 설정하고 저장한다.

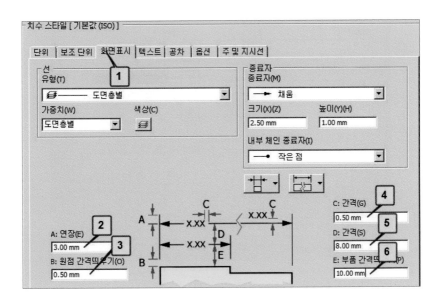

❺ **텍스트**(1) : 공차 텍스트의 크기는 2.5 mm(2)로 설정하고 나머지는 기본 값으로 둔다.

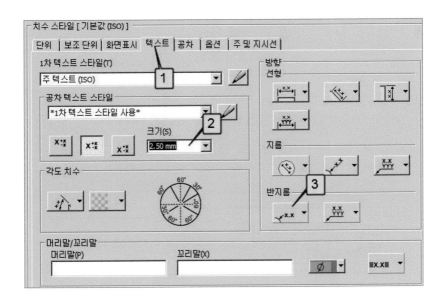

❻ **공차**(1) : 1차 단위 소수 둘째 자리까지 표시(2), 각도 정밀도는 도 단위(3)와 선행(4)만
표시되도록 한다. 표시 옵션에서 후행에 0없고 -기호 없음(5)으로 설정하고 저장
한다.

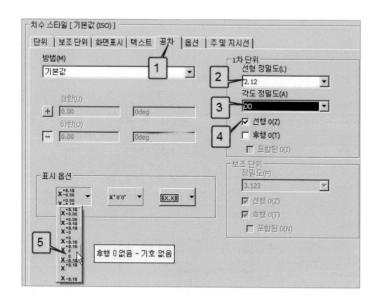

❼ **주 및 지시선**(1) : 지시선 스타일은 수평으로(2) 설정하고 저장한다. 여기까지 설정을
마치고 대화상자 오른쪽 아래에 있는 종료 버튼을 누른다.

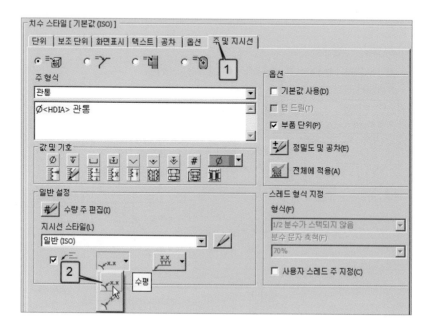

❽ **뷰 배치** 탭의 **작성** 패널에서 기준을 선택한 다음 도면(1)에 정면, 측면, 평면도 등을 배치한다.

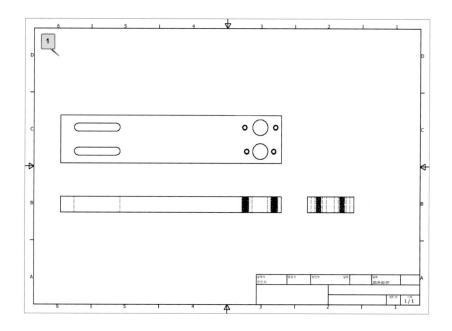

❾ 정면도 뷰의 영역(1)에서 클릭하면 파란 점선이 보인다. 이 상태에서 **스케치 시작**(2) 을 선택한 다음 **보간 스플라인선**(3)으로 부분 단면으로 잘라내는 브레이크 아웃 뷰 를 만들기 위해 잘려 나갈 부분에 선(4)을 그린 후 **스케치 마무리**를 누른다. 이때 선 은 폐곡선이어야 한다.

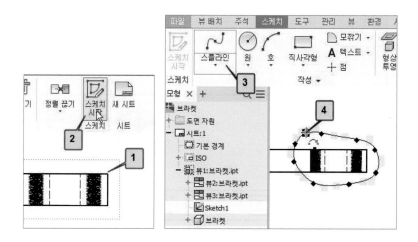

⑩ **뷰 배치** 탭의 **수정** 패널에서 **브레이크 아웃**(1)을 선택한다. 대화상자에서 경계(2)는 방금 그린 선(3)을, 깊이(4)는 구멍의 중심(5)까지 잘라낸다. 여기까지 정상적으로 진행되면 확인(6) 버튼이 활성화된다. 이때 확인 버튼을 누르면 브레이크 아웃 뷰(7)가 완성된다.

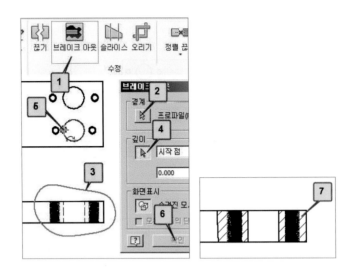

⑪ 브레이크 아웃 된 뷰를 등각 투영시킨다. **뷰 배치** 탭의 **작성** 패널에서 **투영**(1)을 선택한 다음 등각 투영시킬 뷰(2)를 선택한다. 그다음 투영도를 배치시킬 위치(3)까지 끌고 가서 클릭한 다음 마우스 오른쪽을 클릭하고 **작성**(4)을 누르면 등각 투영도가 배치된다.

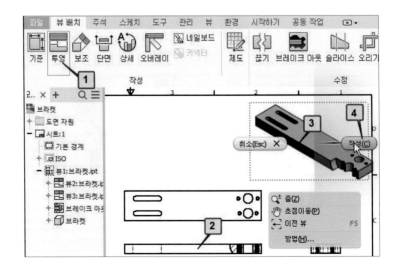

⑫ 이 도면에서는 평면도만 있어도 무방하다. 그러나 여기서는 정면도와 우측면도를 작성하기로 한다.

도면의 나사 부분의 표시가 KS규격과 맞지 않게 표현되어 있다. 이것은 코일 작성으로 인한 것이므로 코일에 의하여 생성된 선들은 모두 보이지 않게 처리한 다음 KS에 맞도록 다시 스케치해야 한다.

먼저, 필요한 선들을 드래그(1~2)하여 선택한 다음 마우스 오른쪽을 클릭하여 **가시성**(3)을 제거한다.

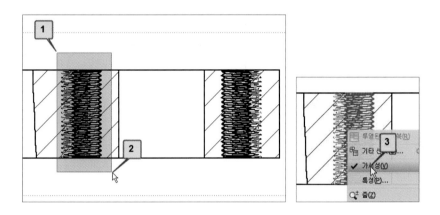

⑬ 가시성이 제거되면 선(4)들이 보이지 않게 된다. 평면도에서 나사 구멍의 선들이 여러 겹 겹쳐서 있다. 이 선들은 **주석** 탭의 **기호** 패널에서 **중심선**을 선택하여 원에 중심선을 표시한 다음 중심선(5)만 남기고 모두 **가시성**(6)을 제거한다.

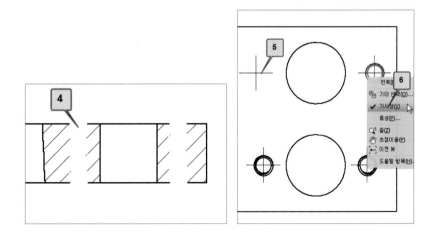

⓮ **주석** 탭에서 해당 뷰(1)를 클릭한 다음 **스케치 시작**을 누른다. 그 다음 **형상 투영**(2)을 선택하여 투영시키고자 하는 선들(3, 4)을 클릭하면 선의 색깔이 파란색으로 바뀐다. 그래야 이 선들의 끝점을 선택할 수 있다. 다시 선(5~8)을 그려 넣는다.

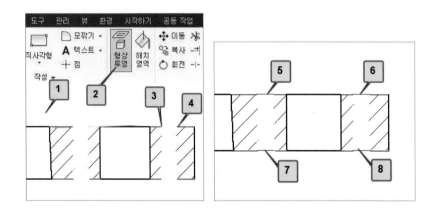

⓯ 선의 굵기를 변경한다. 변경하고자 하는 선(1)을 마우스 오른쪽 클릭한 후 다시 **특성**(2)을 클릭하여 선의 굵기 0.5 mm(3)를 선택하고 확인을 누르면 선택된 선의 굵기가 모두 다른 외형선과 같은 굵기인 0.5 mm 선으로 바뀐다.

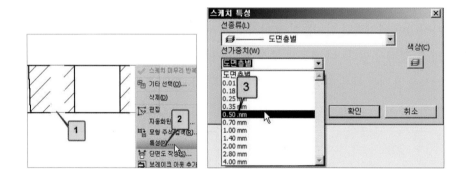

⓰ 앞서 중심선을 그려둔 도형(1)을 클릭한 다음 **스케치 시작**(2)을 누르고 다시 **형상 투영**(3)을 클릭하여 투영시킬 중심선(4)을 모두 선택한다. 투영된 중심에 원을 그린 다음, 특성을 이용하여 선 굵기를 0.5 mm(6)로 바꾼다.

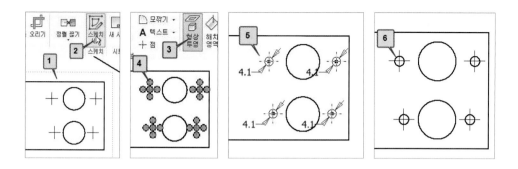

⑰ 아래와 같이 도면(1)에서 선들은 편집이 완성되었고 치수를 기입하면 된다. 그런데 화살표로 표시한 선들은 모두 자동으로 생성된 선이 아니고 각각의 뷰를 선택하고 또 직접 그려 넣고 선의 특성을 바꾸는 등 대단히 불편한 과정을 거쳐야 한다.

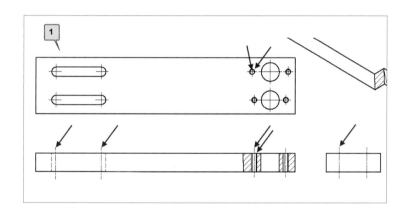

⑱ 그렇다면 다른 방법을 사용해 보자.

방금까지 작업한 것 중에 등각 투영도(1)만 남기고 나머지는 도면 영역 밖(2, 3)으로 이동시킨다.

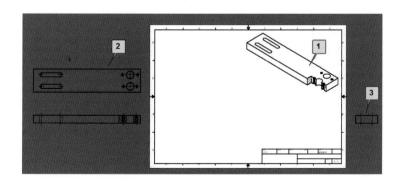

⓳ 다음, 이 도면의 작성에 사용된 "부품 1번 브라켓.ipt" 파일을 "부품 1번 브라켓_사본.ipt" 파일로 복사본을 만든다.

⓴ 방금 작성하던 도면 창을 그대로 둔 상태에서 "부품 1번 브라켓_사본.ipt" 파일을 연다. 그다음 작은 구멍과 모따기, 코일, 미러 등을 Ctrl키를 눌러 모두 선택(1)한 다음, 마우스 오른쪽 클릭하여 **피쳐 억제**(2)를 시킨다.

㉑ 다음, **스케치2**(1)를 마우스 오른쪽 클릭하여 **스케치 공유**(2)를 시킨 후 구멍들(5~8)을 차집합으로 잘라낸다.

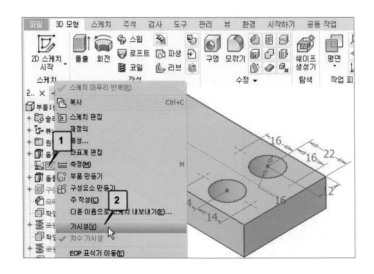

㉒ 다시 **수정** 패널에서 구멍을 선택한 다음 탭 구멍이 위치할 점들(1~4)을 선택하면 위치(5)에 4개가 선택되었음을 알려준다. 구멍의 종류는 탭 구멍(6)을 선택하고 스레드 크기와 유형(7)을 정하고 확인(8)을 누르면 탭 구멍이 모두 모델링 된다. 모따기를 하고 스케치의 가시성을 제거하면 모델링이 완성(9)된다.

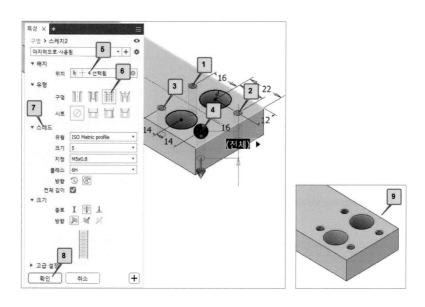

㉓ 다시 도면 작성 화면으로 이동한다.

뷰 배치 탭의 **작성** 패널에서 **기준**을 선택한 다음 "부품 1번 브라켓.ipt"를 열어 적당한 위치에 뷰(1~3)를 배치시키면 이전에 나사 모양이 입체적으로 표현된 등각 투영도와 방금 배치시킨 뷰들이 깔끔하게 표현된다.

그런데 주의할 점은 앞서 작성한 뷰(4~6)를 삭제하면 브레이크 아웃 뷰에 의해 표현된 등각 투영도 나사 모양과 함께 뷰가 삭제되므로 이들 뷰를 삭제해서는 안 된다.

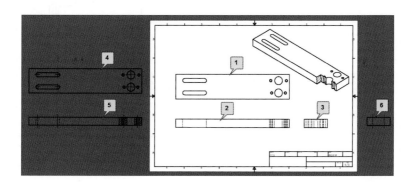

❷❹ 정면도(1)를 삭제하고 그 자리에 평면도(3)의 단면을 정면도로 배치하려고 한다. 그런데 지금의 정면도(1)를 삭제하면 그 하위의 평면도(3)와 우측면도(4)가 함께 삭제되므로 뷰 삭제 대화상자를 확대(2)하여 종속 뷰 삭제의 "예"를 클릭하여 "아니오"(3-1, 4-1)로 만든 다음 확인을 누르면 정면도(1)만 삭제된다.

그런 다음 단면도(5)를 정면도 위치에 다시 배치한다.

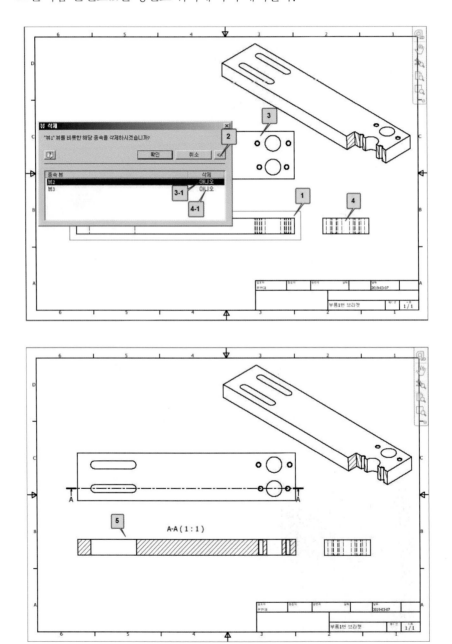

㉕ 아래 그림은 지금까지 모델링 한 부품에 대한 도면으로서 치수와 치수 공차, 표면
   거칠기 기호, 형상 공차 등이 모두 입력된 완성된 도면(6)이다.

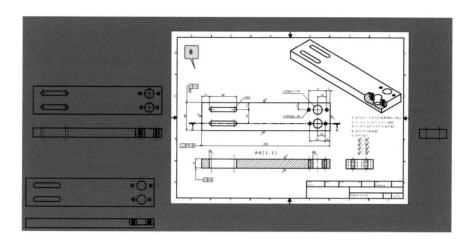

1-3. 표제란 작성하기

시트 경계는 그대로 사용해도 무방하다. 그러나 표제란은 시험에서 요구하는 양식에
맞추어 다시 작성해야 한다.

❶ 검색기 창의 시트: 1 아래에 있는 ISO 제목 블록(1)을 마우스 오른쪽 클릭하여 삭제
   (2)한 다음, 제목 블록(3)을 다시 오른쪽 클릭하여 새 제목 블록 정의(4)를 선택한다.

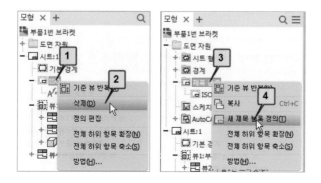

❷ 화면의 적당한 곳에서 아래 그림(5)과 같이 제목 블록을 스케치 하고 내용의 입력이
끝나면 스케치 마무리를 누른 후 제목 블록의 이름(6)을 정하여 저장한다.
저장이 끝나면 방금 만든 제목 블록(7)을 마우스 오른쪽 클릭하여 삽입(8)을 하면 적
당한 위치에서 작성한 표제란은 자동으로 우측 하단(9)에 위치한다.

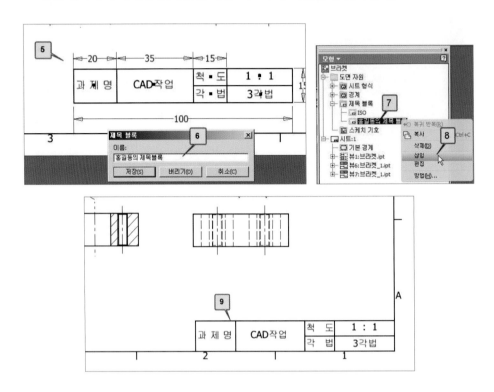

1-4. 도면 경계 작성하기

❶ 검색기 창의 시트 하위에 있는 기본 경계(1)를 마우스 오른쪽 클릭해서 삭제(2)를 눌
러 기존의 도면 경계를 삭제한다.

❷ 도면 자원 하위에 있는 경계(3)를 마우스 오른쪽 클릭하여 새 경계 정의(4)를 누른다.

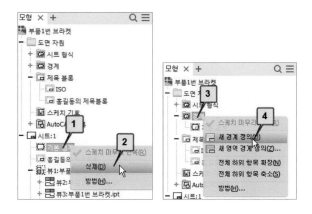

❸ 스케치 작성 화면에서 도면 크기와 비슷한 크기의 직사각형(1)을 그려서 여백 치수
(2)를 입력하고 각 변의 중앙에 중심 마크(3)를 표시한 다음 스케치 마무리를 눌러 경
계의 이름(4)을 정하고 저장한다.

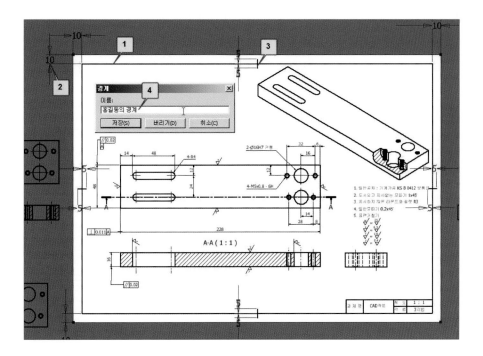

❹ 다시 방금 만든 새 경계(1)를 마우스 오른쪽 클릭하여 삽입(2)을 누르면 새 경계가 만들어진 도면(3)을 확인할 수 있다.

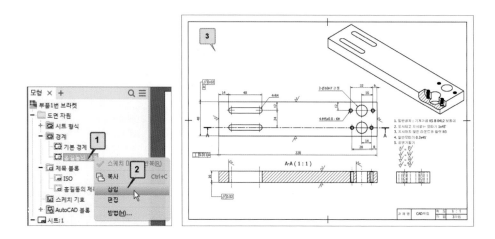

❺ 인적사항 칸을 만들기 위해 앞에서 만든 새 경계(1)를 편집(2)한다.

새 경계를 만든 것과 동일한 방법으로 인적사항(3) 칸을 그려서 필요한 문자를 입력하고 스케치 마무리를 누르면 경계의 이름과 저장 여부를 묻는 대화상자가 뜬다. 예(4)를 눌러 저장한다.

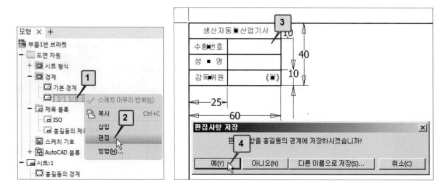

6 완성된 도면을 아래와 같이 볼 수 있다.

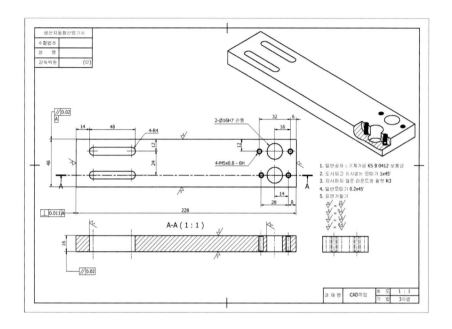

1-5. 부품 2번 모델링 하기

1 원의 지름 40으로 스케치한 다음, 거리 8로 돌출(2)하고 돌출 면(3)에서 다시 스케치 작성을 한다.

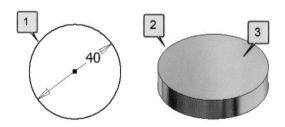

2 원의 지름 18로 스케치(4)한 다음, 거리 25로 돌출(5)하고 돌출 면(6)에서 스케치 작성 을 한다.

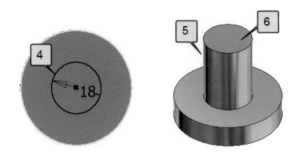

❸ 원의 지름 10으로 스케치한 다음, 돌출에서 차집합으로 전체(8)를 잘라낸다.

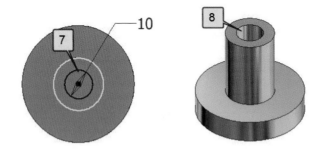

❹ 뒤집어서 바닥 면을 스케치 면으로 잡고 중심에서 12떨어진 곳에 수직선(9) 두 개를 그
린 다음, 돌출에서 차집합으로 전체(10)를 잘라내고 면(11)에서 다시 스케치 작성을 한다.

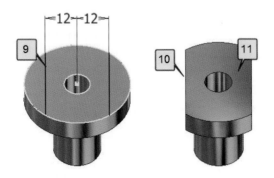

❺ 지름 28의 원(12)을 그려서 원에 접하고 수직하는 곳에 두 개의 점(13, 14)을 표시한 다
음, 메뉴에서 구멍을 선택한다. M5볼트를 조립하기 위한 카운터 보링 구멍을 선택
하고 엔드밀 지름 9.5, 깊이 5.4, 드릴 지름 5.5를 입력하고 확인을 눌러 카운터 보링
구멍(15)을 모델링 한다.

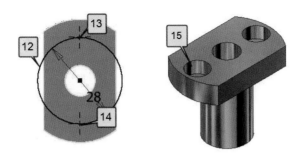

❻ 0.5로 모따기(16) 하여 모델링을 마친다. 나중에 도면을 작성할 때를 대비하여 정면
도의 자세(17)로 바꾼 다음, 뷰 큐브에서 마우스 오른쪽 클릭하여 현재 뷰를 정면도
로 설정하고 파일 이름을 정하여 저장한다.

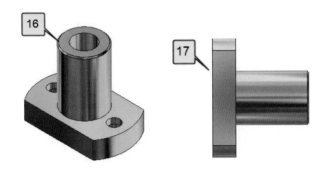

1-6. 부품 2번(부시) 도면 작성하기

기존에 만들어 두었던 인적사항(1)과 주석(2) 그리고 표제란(3)을 다시 사용하려면 이러
한 내용으로 작성된 idw파일을 불러오거나, 이러한 내용들이 포함된 파일을 불러서 뷰들
을 삭제하고 지금 작성한 모델링 파일의 뷰를 배치하면 된다.

주의할 것은 시험에서는 이러한 방법은 허용되지 않으므로 모든 것을 처음부터 작성
해야 한다.

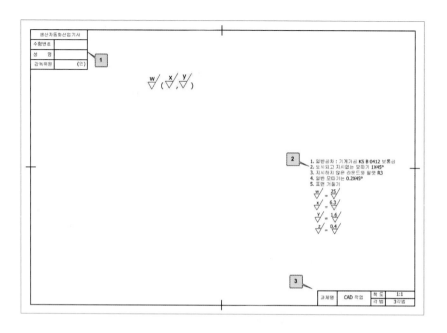

❶ 뷰의 배치 방법 중 정면도(1)와 우측면도(2)를 먼저 배치한다. 정면도는 선반에서 가공하는 자세로 하였다. 만약 정면도를 90°로 세우거나 180° 돌려서 뷰를 배치해도 굳이 틀렸다고 할 수는 없으나 권장하는 방법이 아니다.

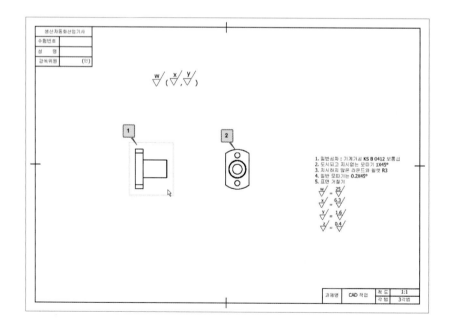

❷ **브레이크 아웃 뷰**를 작성하기 위하여 먼저 뷰가 있는 영역(1)을 클릭하고 빨간 선(2)이 생긴 상태에서 스케치 시작을 선택한다. 그다음 형상 투영(3)을 선택한 후 선(4)을 클릭하면 선의 색이 바뀐다. 이 상태에서 형상 투영된 선의 중심(5)을 클릭하고 다시 오른쪽 위(6)에서 클릭하여 직사각형을 그린 다음 스케치 마무리를 누른다.

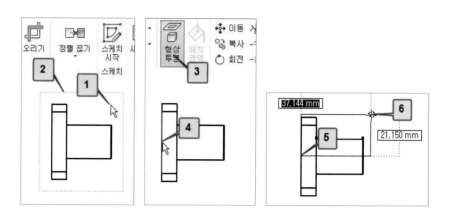

❸ 브레이크 아웃(7)을 선택한 다음 브레이크 아웃 할 뷰를 클릭하면 방금 전의 직사각형(8)의 색상이 바뀌어 선택되었음을 알려준다. 깊이는 우측면도의 중간 지점(9)을 찾아서 클릭하고 확인을 누르면 브레이크 아웃 뷰(10)가 완성된다.

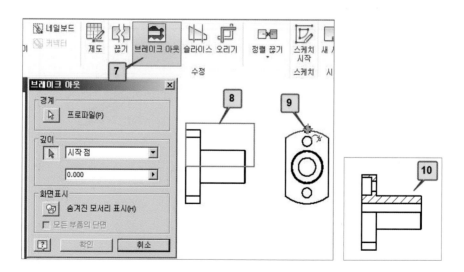

❹ 브레이크 아웃이 완성된 뷰(11)를 다시 등각 투영(12)시킨다.

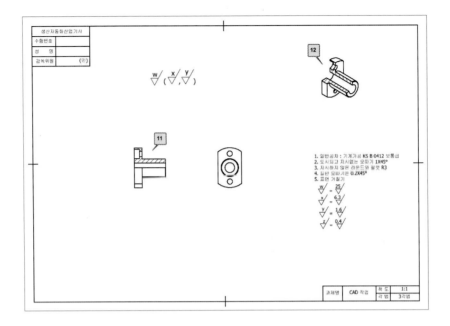

❺ 치수와 표면 거칠기 기호, 치수 공차, 기하 공차 등 필요한 요소를 모두 기입하여 도
면을 완성(13)한다.

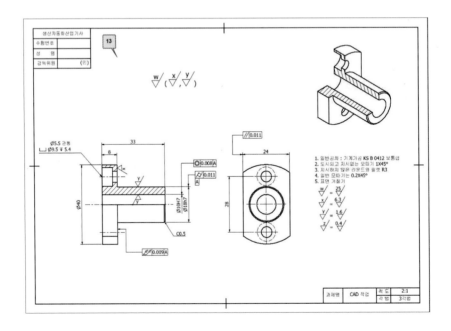

1-7. 부품 3번 모델링 하기

❶ 다음 그림⑴과 같이 스케치한 다음, 거리 48만큼 돌출⑵시키고 바닥 면⑶에서 스케치 작성을 누른다.

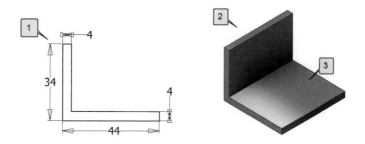

❷ 그림⑷과 같이 스케치한 다음, 치수를 입력하여 차집합으로 돌출⑸시키고 바닥 면 ⑹에서 스케치 작성을 누른다.

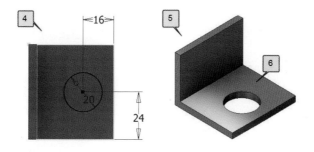

❸ 그림⑺에서 보이는 것과 같은 위치에 두 개의 점을 표시하고 지름 6의 구멍⑻을 모델링 한 다음, 왼쪽 뒷면⑼을 클릭하여 스케치 작성을 누른다.

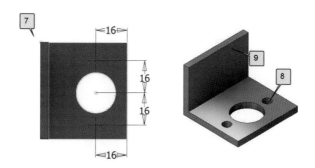

❹ 그림과 같은 치수로 두 개의 점(10, 11)을 표시하고, 치수를 입력한 후 구멍 작업으로 지름 6인 두 개의 구멍을 모델링 한다.

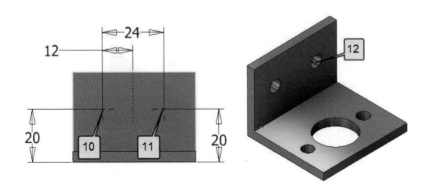

❺ 두 곳(13, 14)의 모서리를 R10으로 모깎기 하고 코너 부분의 바깥쪽(15)은 R10, 안쪽은 R6으로 모깎기 하여 모델링을 마친다.

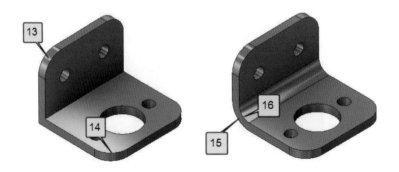

❻ 도면 작성을 위하여 아래 그림(17)의 자세를 정면도로 설정한 다음, 파일 이름(L브라켓)을 정하고 저장을 한다.

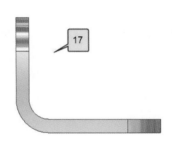

❼ 새로 만들기에서 도면을 선택한다. 뷰 배치를 선택하여 정면도, 우측면도, 평면도를
배치한 다음, 도면 요소의 치수와 공차, 표면 거칠기 기호, 형상 공차 등 필요한 요소
들을 입력하고 저장을 한다.

1-8. 부품 3번 도면 작성하기

완성된 부품의 도면을 그림(1)과 같이 작성한다.

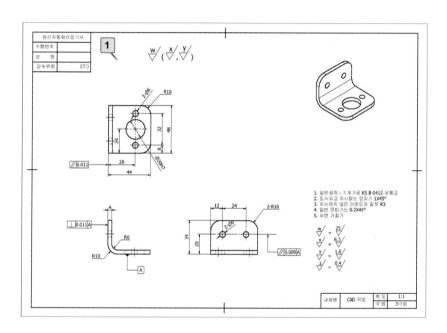

다음 그림(1)은 생산자동화 산업기사 CAD 작업 기출문제를 재구성하여 부품을 모델링한 후 조립한 도형이고, 아래 그림(2)은 이것을 도년으로 작성한 것이다.

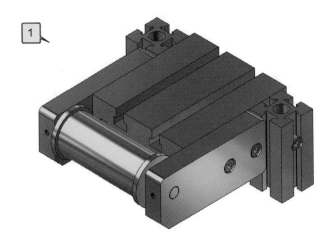

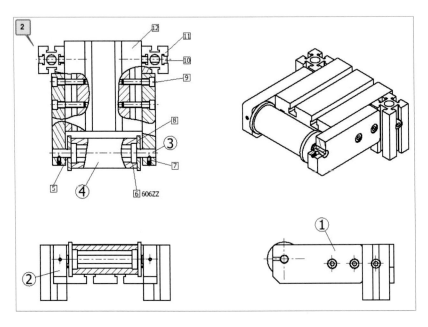

품번	품명	재질	수량	비고
12	알루미늄 프로파일		1	
11	알루미늄 프로파일		2	
10	육각 홈붙이 볼트		2	
9	육각 홈붙이 볼트		4	
8	베어링 커버		2	
7	육각 홈붙이 멈춤나사(뾰족끝)		2	
6	베어링(606ZZ)		2	
5	멈춤 링		2	
4	풀리		1	
3	축		1	
2	브라켓-L		1	
1	브라켓-R		1	

시험에서는 부품 번호 1~4번 중에서 지정하는 부품 하나를 버니어 캘리퍼스 또는 자를 이용하여 측정한 후 실측 또는 2배 크게 그리도록 요구하고 있다. 이 과제는 2배 크게 그린다.

문제의 핵심은 606ZZ 베어링이다. 이 베어링의 규격은 안지름=6, 바깥지름=17, 폭=6이다. 그러나 2배 크게 그린다고 해서 곱하기 2하여 안지름=12, 바깥지름=34, 폭=12로 해서는 안 된다. 왜냐하면, KS규격에서 안지름 12의 60계열 베어링은 6001번이고, 6001번 베어링은 안지름=12, 바깥지름=28, 폭=8이기 때문이다. 그래서 부품 번호 3번인 축과 부품 번호 4번인 컨베이어 벨트풀리, 그리고 부품 번호 1번과 2번의 브라켓은 베어링의 KS규격 치수와 연동해서 바뀌어야 한다. 한편, 부품 1번과 2번은 카운터 보링 구멍의 방향이 서로 다름에 유의하여야 한다.

아래 그림(2, 3)은 모델링 부품들을 조립한 후 1/2 단면 처리하여 축과 베어링, 볼트가 조립된 부분 등이 사실적으로 보이도록 한 그림이다.

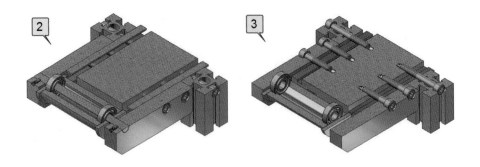

2-1. 부품 1번 모델링 하기

❶ 측정 치수의 2배인 가로 132, 세로 56으로 스케치한 다음 두께 20으로 돌출한다.

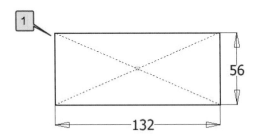

❷ 돌출한 평면에 카운터 보링 구멍을 뚫기 위하여 그림(2)과 같은 위치에 점을 표시하고 치수를 입력한다.

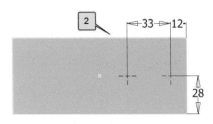

❸ **모형** 탭의 **수정** 패널에서 **구멍**을 선택하여 대화상자에 M8 볼트가 들어갈 카운터 보링 구멍의 치수(3)를 입력하고 **확인**을 눌러 구멍의 모델링 작업을 마친다. 치수를 입력할 때 KS규격집을 참고해야 한다.

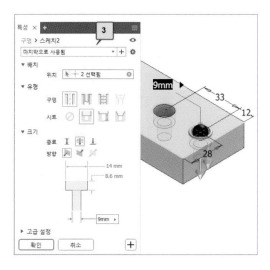

❹ 구멍 작업을 마친 면에 스케치 작성으로 점(4)을 표시하고 치수를 입력한다.

❺ 점을 표시한 위치에 **모형** 탭에서 지름 12 크기의 **구멍**(5)을 모델링 한다.

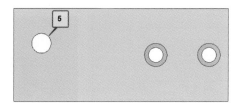

❻ 왼쪽 측면에 멈춤 나사가 조립될 암나사를 코일로 모델링 하기 위하여 아래에서 35 의 위치에 점⑥을 표시하고 M5 나사 구멍의 안지름이 4.1이므로 지름 4.1의 **구멍**⑦ 을 모델링 한다. 구멍의 깊이는 **지정 면**으로 정하는데 지정 면은 위 그림⑤의 구멍 으로 한다. 구멍의 끝에 0.8 크기의 **모따기** 작업까지 마친다.

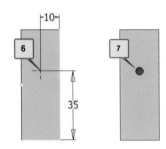

❼ 중간에 **작업 평면**⑧을 설정하고 코일을 모델링 하기 위하여 나사산의 모양을 스케치 를 한다. 이때 피치보다 작은 값으로 설정해야 M5 나사의 피치 0.8과 겹치지 않는다.

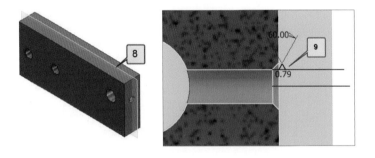

❽ 모형 탭에서 **코일**을 선택한 후 대화상자의 **코일 쉐이퍼**에서 **피쳐**와 **축** 그리고 **코일 크기**⑩에서 **피치** 0.8 및 **회전** 수 17을 입력하고 확인을 눌러 코일⑪을 완성한다.

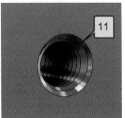

❾ **모따기** 값 C10과 ⑿와 **모깎기** 값 R5⒀로 모델링 하면 모든 부분의 모델링이 끝난다.

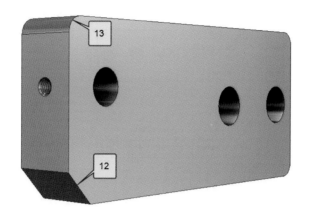

2-2. 부품 1번 도면 작성하기

❶ **새로 만들기**에서 **도면**을 선택한 다음, **관리 탭**의 **스타일 및 표준 패널**에서 **스타일 편집기**를 선택하여 뷰 방향과 치수 및 공차 유형 등을 설정하고, 적당한 위치에 뷰를 그림⑴과 같이 배치한다. 그다음 단면도 뷰를 그림⑵과 같이 배치한 후 이 단면도를 등각 투상하여 오른쪽 위⑶에 배치한다.

등각 투영도에는 실제 모양처럼 보이도록 하기 위하여 코일 기능을 활용하여 나사를 표현했기 때문에 단면도⑵에 나사의 표현이 제도 규칙과 다르다. 따라서 이 부분은 아래 그림처럼 도면 영역 밖으로 이동시켜 놓는다. 그다음 모델링 화면으로 이동하여 코일 부분을 피처 억제시킨 후 구멍 작업에서 탭 기능으로 모델링 하고 다른 이름으로 저장한다. 다시 도면 편집 화면으로 이동하여 다른 이름으로 저장한 부품을 배치⑷~⑹한다.

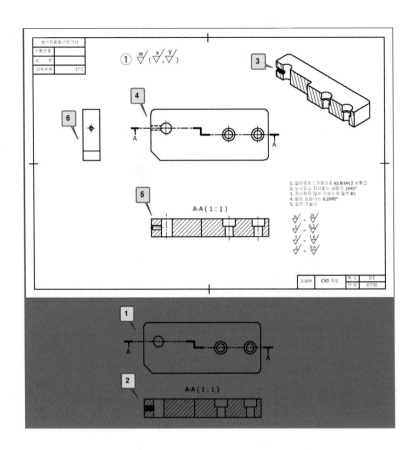

❷ 치수와 공차, 표면 거칠기 기호, 형상 공차 등 도면을 편집하여 완성⑺한다.

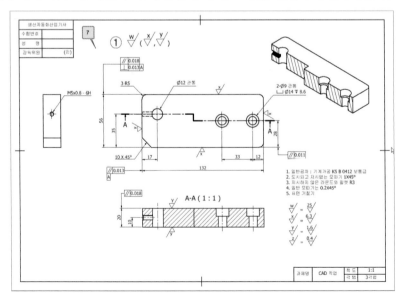

2-3. 부품 3번 모델링 하기

❶ 축은 베어링이 조립되는 부분과 멈춤 링이 조립되는 부분으로 크게 구분된다. 축에
  적용된 베어링은 안지름이 6 mm인 606 베어링이다. 606 베어링보다 안지름이 2배
  큰 치수는, KS규격에 의하면 안지름 12 mm의 6001이다. 따라서 축의 지름은 12 mm
  가 된다. 그리고 축의 지름 12 mm에 적용하는 멈춤 링 조립용 홈의 지름은 11.5 mm
  이고 폭 1.35 mm다. 이를 감안해서 아래 그림⑴과 같은 치수로 스케치한다.

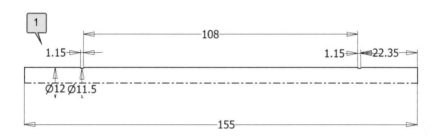

❷ **모형** 탭에서 **회전**을 시키면 다음 그림⑵과 같은 모양이 된다.

❸ 멈춤 나사가 조립될 부분인 드릴 홈을 모델링 하기 위해 스케치를 한다. 축의 끝 단
  면을 스케치 평면으로 설정하고 사분점의 한 부분에 점⑶을 표시한 후 스케치를 마
  무리한다.
  모형 탭에서 **작업 평면**을 선택해서 **점을 통과하여 곡면에 접함**을 선택하고 다시 점
  ⑶을 클릭하면 원통 면에 접하는 면이 작업 평면⑷으로 설정된다.

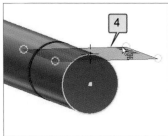

❹ 설정된 작업 평면에 점(5, 6)을 표시한 후 치수를 입력한다.

모형 탭에서 **구멍**을 선택하여 치수를 입력한다. 여기서 구멍의 치수는 각도가 90°(7)
이므로 깊이를 주지 않아도 크기가 자동으로 설정된다. 그렇지만 구멍의 깊이 치수
를 입력해야 하므로 최소한의 치수 0.01을 입력한다. 지름은 M5 나사가 조립될 것
이므로 5를 입력하고 **확인**을 누르면 멈춤 나사가 조립될 구멍(8)의 모델링이 완성된
다. C0.5 크기의 모따기(9)를 하면 모든 모델링이 완성된다.

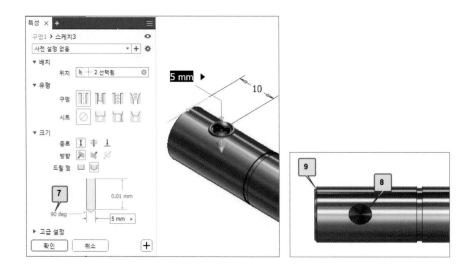

2-4. 부품 3번 도면 작성하기

❶ 축의 도면은 의외로 간단하다. 정면도만 있으면 되지만 브레이크 아웃 뷰를 작성하기 위해서 필요할 수 있으므로 아래 그림(1)과 같이 정면, 평면, 우측면도와 입체도를 기본적으로 배치한다.

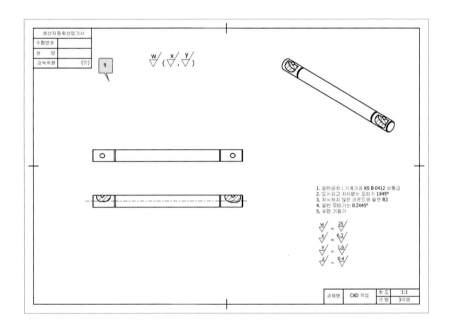

❷ 정면도에서 브레이크 아웃 뷰를 만들면 멈춤 나사가 조립되는 드릴 구멍 부분이 그림(2)처럼 오목하게 곡선으로 그려져 있다. 실제로 앞부분을 잘라내면 오목하게 보이는 것이 정상이지만 도면으로 표시할 때는 오른쪽(3)과 같이 평행하게 보이도록 수정해야 한다.

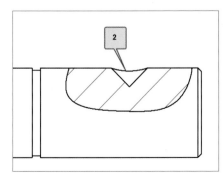
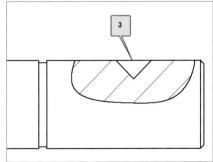

❸ 수정을 마친 다음 치수, 공차, 표면 거칠기 기호, 형상공차를 기입하고 상세 뷰 등을
그리면 도면(4)은 아래와 같이 된다.

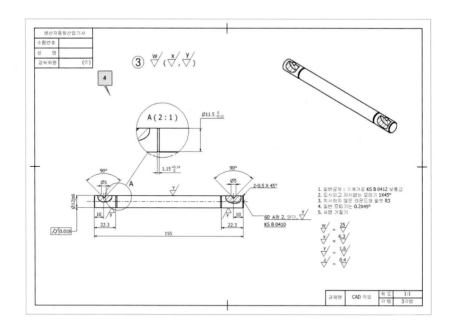

2-5. 부품 4번 모델링 하기

❶ 그림(1)과 같이 지름 43을 스케치한 다음 거리 98로 돌출(2)시킨다.

❷ 측면에 지름 28(3)을 스케치한 후, 돌출에서 거리 8.5를 차집합으로 잘라(4)낸다. 베어링의 폭이 8인데 8.5만큼 잘라내는 것은 이곳에 베어링 커버가 조립될 때 자리를 잡을 수 있도록 하기 위해서다.

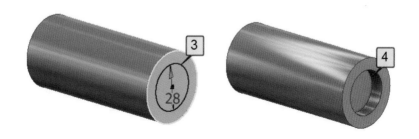

❸ 중간에 **작업 평면**(5)을 설정하고 **대칭** 작업으로 반대쪽에도 베어링 자리를 낸 다음, 가운데 지름 25 크기의 구멍(6)을 **차집합**으로 **돌출**시켜서 모델링을 마친다.

2-6. 부품 4번 도면 작성하기

❶ 도면 작성에서 정면도와 우측면도를 배치(1)한다. 이 도면 역시 우측면도는 없어도 되지만 브레이크 아웃 뷰를 작성하기 위해서 우측면도를 배치하였다.

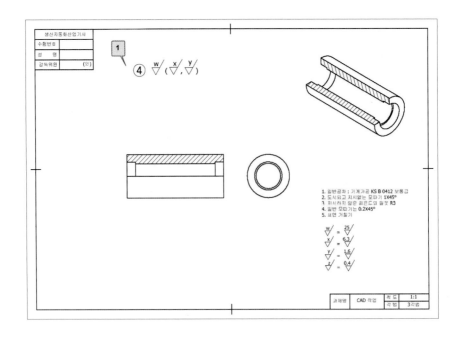

2 ϕ26의 치수 입력은 **주석** 탭의 **치수**를 선택한 다음, 먼저 위쪽의 점(1)과 아래쪽의 점(2)을 선택하면 치수 12.5가 자동으로 입력된다.

그다음 치수 12.5를 더블클릭한 후, 치수 편집 대화상자에서 **치수 값 숨기기**(3)를 체크하면 입력된 치수가 숨겨진다. 지름 접두기호 ϕ (4)를 기호 삽입 창(5)에서 선택하여 입력하고 치수 25를 입력한다.

3 중심선 아래의 치수 보조선과 화살표를 보이지 않도록 처리한다.

먼저 ESC키를 몇 번 눌러 **치수** 아이콘을 비활성화 상태로 만든 다음, 입력된 치수 보조선(6)에 마우스 포인트를 갖다 대면 치수와 화살표는 빨간색으로 바뀐다. 이때 마우스 오른쪽 클릭하여 **치수 보조선 숨기기**(7)를 클릭하면 치수 보조선이 보이지 않게 된다.

❹ 그다음 화살표(8)에 마우스를 갖다 대면 작은 화살표들이 나타난다. 이때 마우스 오른쪽 클릭하여 두 번째 화살촉 편집(9)을 선택한다.
화살촉 변경 대화상자에서 없음(10)을 선택하고 확인을 누르면 한쪽 화살표가 없는 치수선(11)이 만들어진다.

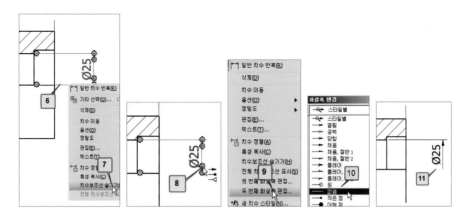

❺ 우측면도의 선들을 Ctrl키를 누른 상태에서 선택하면 다수 개의 선을 선택할 수 있다. 그다음 마우스 오른쪽 클릭하여 가시성(12)을 제거하거나, 해당 뷰를 클릭한 후 마우스 오른쪽 클릭하여 **억제**(13) 클릭한다. 억제의 해제는 검색기 창에 회색으로 표시되어 있는 해당 뷰를 마우스 오른쪽 클릭하여 억제 앞의 체크를 없애면 뷰가 다시 보인다.

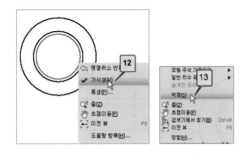

❻ 치수와 공차, 표면 거칠기 기호, 형상 공차 등 필요한 요소들을 편집하고 완성(1)
한다.

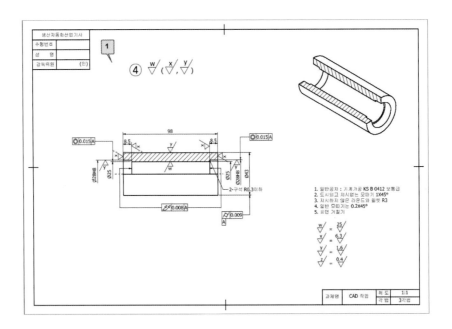

　다음의 그림은 생산자동화 산업기사 CAD시험 기출문제로서 부품들을 모델링 한 후 조립하여 도면으로 작성한 것이다. 시험에서는 부품 1~4번 중 지정하는 부품 하나를 버니어 캘리퍼스 또는 자로 측정하여 2배 크기로 2D 및 3D로 그려서 제출하도록 하고 있다.

　여기에 있는 그림과 도면은 개인적인 차이가 있을 수 있으나 충분히 참고 될 수 있을 것으로 생각한다.

　조립도를 보고 형상과 기능을 이해한 다음, 각자 도면대로 모델링 하고 조립한 다음 조립에 이상이 없으면 부품도와 조립도를 작성해 보도록 한다.

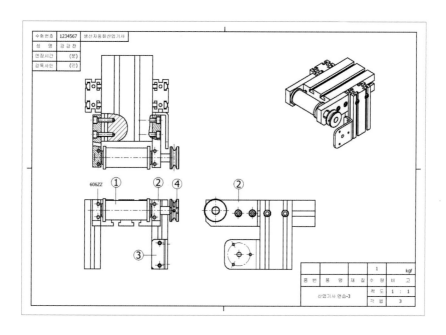

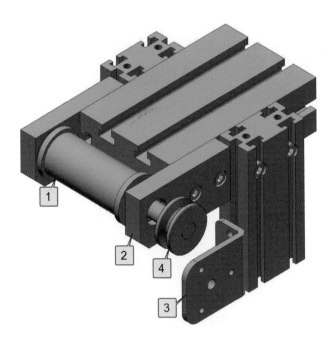

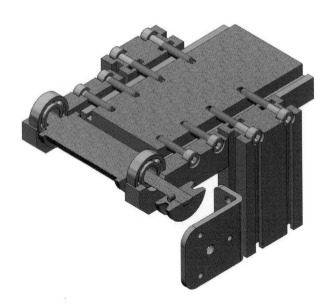

3-1. 부품 1번의 모델링과 도면 작성

❶ 아래 도면을 보고 모델링 한 후 도면으로 작성하시오.

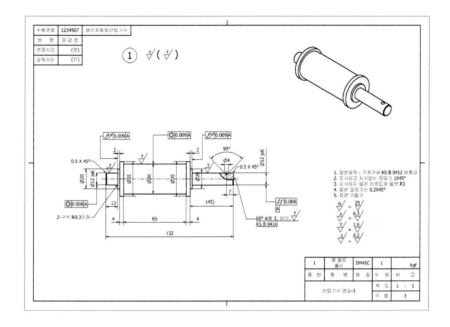

3-2. 부품 2번의 모델링과 도면 작성

❶ 아래 도면을 보고 모델링 한 후 도면으로 작성하시오.

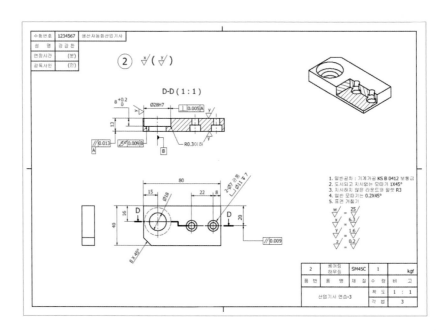

3-3. 부품 3번의 모델링과 도면 작성

❶ 아래 도면을 보고 모델링 한 후 도면으로 작성하시오.

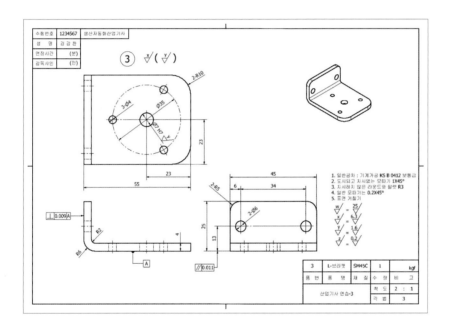

3-4. 부품 4번의 모델링과 도면 작성

❶ 아래 도면을 보고 모델링 한 다음 도면으로 작성하시오.

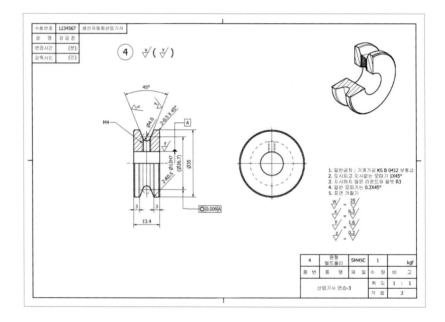

다음의 그림은 생산자동화 산업기사 CAD시험 기출문제를 재구성하여 부품들을 모델링 한 후 조립하고 도면으로 작성한 것이다.

이 과제의 요구 조건은 부품을 자를 이용하여 치수를 측정하고 측정된 크기의 치수로 A3용지에 1:1 크기의 2D 투상도(정면도, 평면도, 측면도)를 3각법으로 작성하고 또, 3D 모델링(입체도)을 작성하여 흑백으로 출력하여 제출토록 한다. 그리고 치수, 공차 및 기하 공차, 표면 거칠기 기호 등을 수험자가 KS에 따라 결정하여 기입하도록 하고 있다.

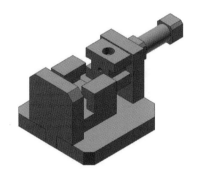

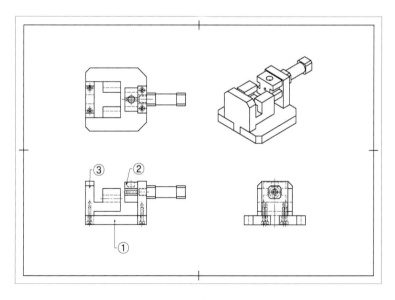

4-1. 부품 1번의 모델링과 도면 작성

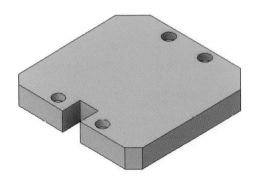

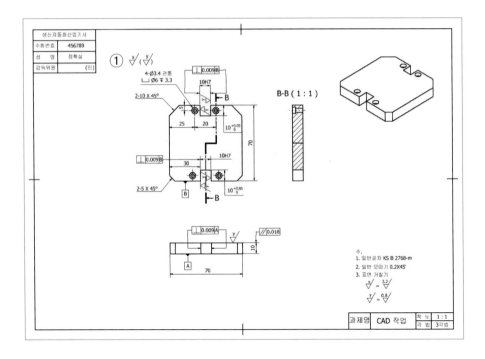

4-2. 부품 2번의 모델링과 도면 작성

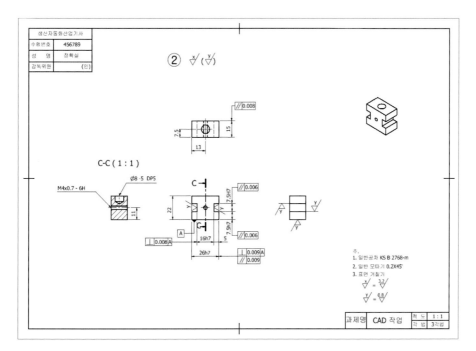

4-3. 부품 3번의 모델링과 도면 작성

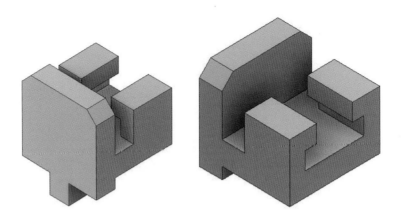

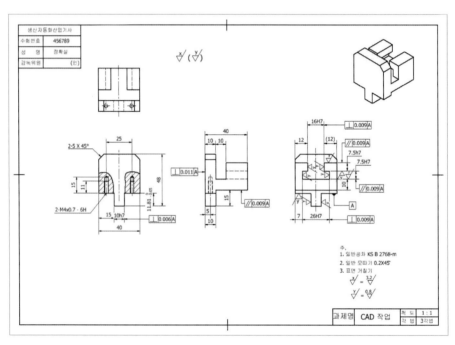

AUTODESK
INVENTOR
2020

2019년 11월 27일	1판	1쇄	인 쇄
2019년 12월 05일	1판	1쇄	발 행

지 은 이 : 윤한재 • 이상우 • 이해진 •
　　　　　 소순선 • 백상도

펴 낸 이 : 박　　　　정　　　　태

펴 낸 곳 : **광　　　문　　　각**

10881
파주시 파주출판문화도시 광인사길 161
광문각 B/D 4층
등　　록 : 1991. 5. 31 제12 - 484호
전 화(代): 031-955-8787
팩　　스 : 031-955-3730
E - mail : kwangmk7@hanmail.net
홈페이지 : www.kwangmoonkag.co.kr

ISBN : 978-89-7093-965-0　93560

값 : 25,000원

한국과학기술출판협회
Korean Science & Technology Publisher Association